辰星
太白
熒惑
塡星
鎮星
七曜
羅睺
計都
九曜

五夜《ごや》
六時《ろくじ》
中天《ちゅうてん》
月夜《つきよ つくよ》
良夜《りょうや》
短夜《みじかよ》
星月夜《ほしづきよ ほしづくよ》
朧月夜
聖夜
除夜

海蛇座
アルファ
南十字座《みなみじゅうじざ》
コールサック
ケンタウルス座《ケンタウルスざ》

ポルックス
二つ星《ふたつぼし》
蟹目《かにめ》
兄弟星
門杭《かどくい》
セント・エルモの火
蟹座《かにざ》
鬼宿《きしゅく》
プレセペ
積尸気《ししき》
蜂の巣星団《はちのすせいだん》
天秤座《てんびんざ》

初夜
中夜
後夜

大犬座《おおいぬざ》
シリウス
青星《あおぼし》
三角星《さんかくぼし》
天狼《てんろう》
アヌビス神《アヌビスしん》
小犬座《こいぬざ》
プロキオン

ドウベー
メラク
フェクダ
メグレズ

船尾座
竜骨座
羅針盤座
帆座

相撲とり星《すもうとりぼし》
傳説
蛇遣座《へびつかいざ》

群がり星
寄り合い星
鈴なり星
羽子板星

暁
朝明け
東雲
黎明
曙光
日の出

一番星《いちばんぼし》
煌星《きらぼし》
糠星《ぬかぼし》
満天の星《まんてんのほし》
星の林《ほしのはやし》
星の紛れ《ほしのまぎれ》
星のささやき《ほしのささやき》
七夕《たなばた》
星祭り《ほしまつり》
星の船《ほしのふね》
星の位《ほしのくらい》
日食《にっしょく》
妖霊星
二十八宿《にじゅうはっしゅく》
黄道《こうどう》

有明け月
有明けの月
有明け月夜
朝月夜
残月
有明け方

月《つき》
朔《さく》
新月《しんげつ》
三日月《みかづき》
上弦《じょうげん》
十三夜《じゅうさんや》
十三七つ《じゅうさんななつ》
十五夜《じゅうごや》
望《ぼう》
十六夜《いざよい》
既望《きぼう》
立待月《たちまちづき》
居待月《いまちづき》

ケラエノ
エレクトラ
タイゲタ
マイア
ステロペ
メロペ

色白
冬の大三角《ふゆのだいさんかく》
兎座《うさぎざ》
クリムズン・スター
アルゴ座《アルゴざ》
カノープス
南極老人星《なんきょくろうじんせい》
布良星《めらぼし》
入定星《にゅうじょうぼし》
横着星《おうちゃくぼし》
ニセ十字《ニセじゅうじ》
マゼラン雲《マゼランうん》

小熊座《こぐまざ》
小七曜《こしちよう》
北極星《ほっきょくせい》
ポラリス
子の星《ねのほし》
心星《しんぼし》
北の一つ星《きたのひとつぼし》
コカブ
フェルカド
矢来星《やらいぼし》

ミルキー・ウェイ

MAP OF THE NORTHERN HEAVENS

宙《そら》の名前《なまえ》 新訂版

写真・文
林 完次

角川書店

SORA [illegible]

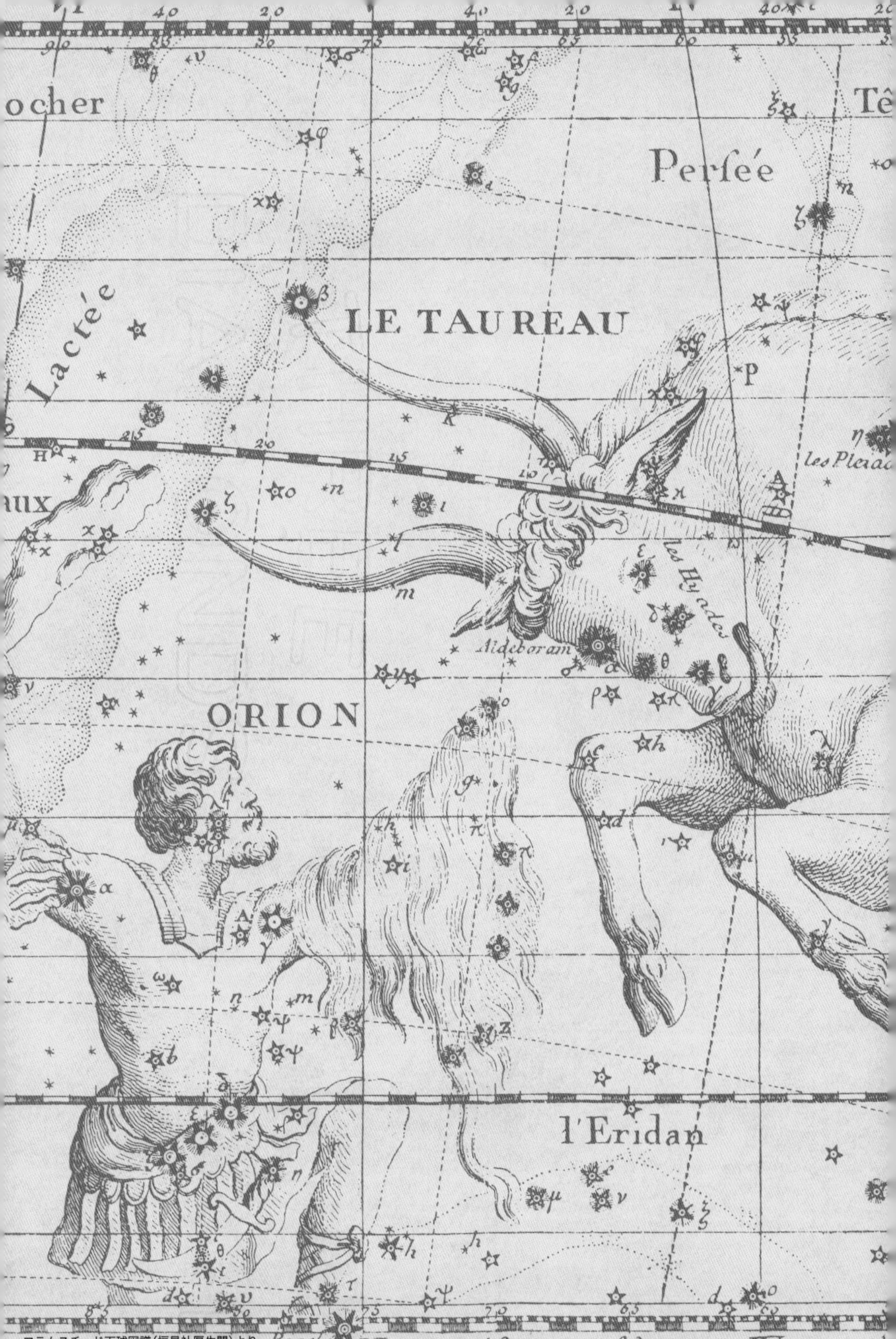

フラムスチード天球図譜（恒星社厚生閣）より

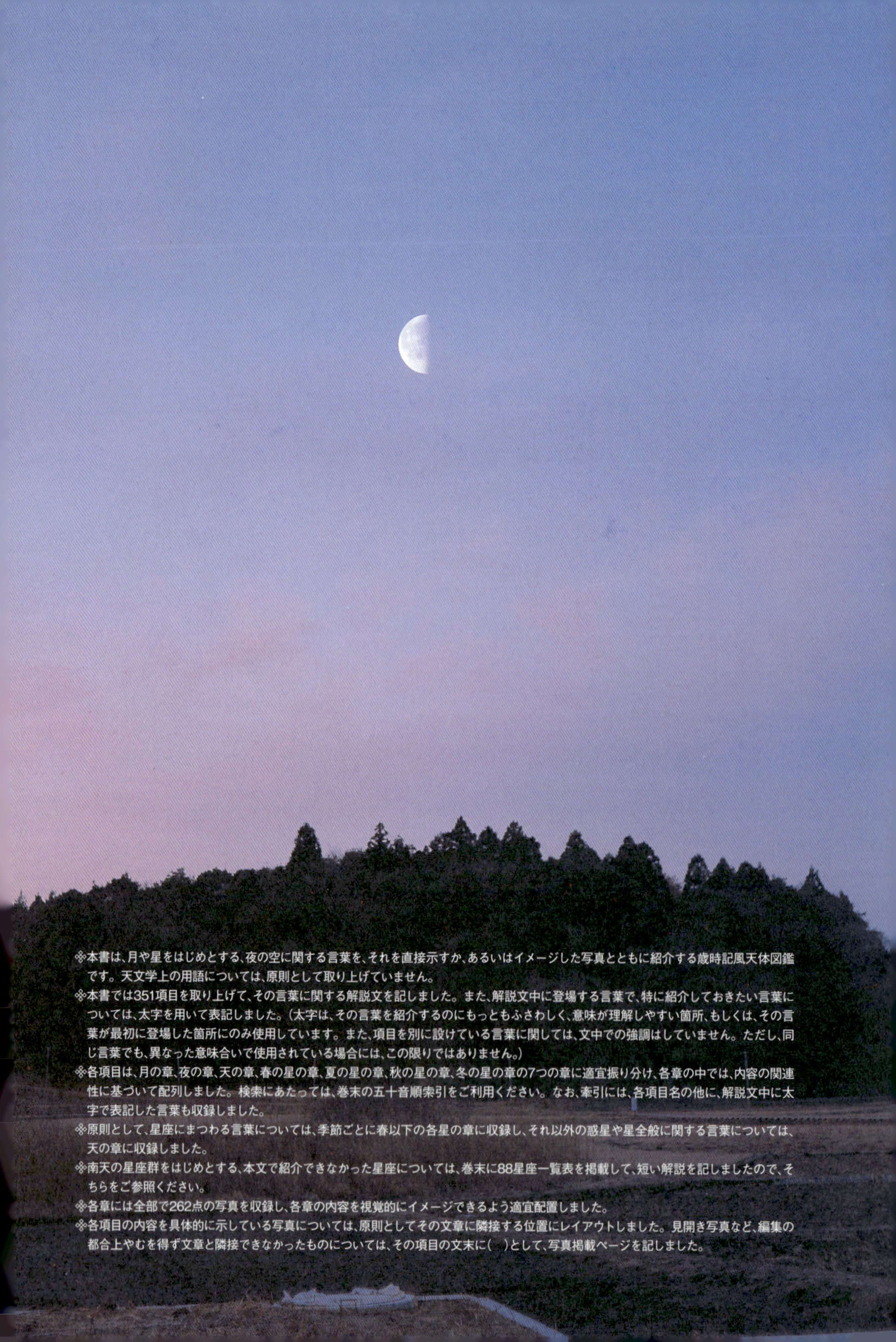

※本書は、月や星をはじめとする、夜の空に関する言葉を、それを直接示すか、あるいはイメージした写真とともに紹介する歳時記風天体図鑑です。天文学上の用語については、原則として取り上げていません。

※本書では351項目を取り上げて、その言葉に関する解説文を記しました。また、解説文中に登場する言葉で、特に紹介しておきたい言葉については、太字を用いて表記しました。（太字は、その言葉を紹介するのにもっともふさわしく、意味が理解しやすい箇所、もしくは、その言葉が最初に登場した箇所にのみ使用しています。また、項目を別に設けている言葉に関しては、文中での強調はしていません。ただし、同じ言葉でも、異なった意味合いで使用されている場合には、この限りではありません。）

※各項目は、月の章、夜の章、天の章、春の星の章、夏の星の章、秋の星の章、冬の星の章の7つの章に適宜振り分け、各章の中では、内容の関連性に基づいて配列しました。検索にあたっては、巻末の五十音順索引をご利用ください。なお、索引には、各項目名の他に、解説文中に太字で表記した言葉も収録しました。

※原則として、星座にまつわる言葉については、季節ごとに春以下の各星の章に収録し、それ以外の惑星や星全般に関する言葉については、天の章に収録しました。

※南天の星座群をはじめとする、本文で紹介できなかった星座については、巻末に88星座一覧表を掲載して、短い解説を記しましたので、そちらをご参照ください。

※各章には全部で262点の写真を収録し、各章の内容を視覚的にイメージできるよう適宜配置しました。

※各項目の内容を具体的に示している写真については、原則としてその文章に隣接する位置にレイアウトしました。見開き写真など、編集の都合上やむを得ず文章と隣接できなかったものについては、その項目の文末に（　）として、写真掲載ページを記しました。

Taurus
Pleiades
Hyades
Aldebaran
Betelgeuse
Orion
Rigel

目次

扉の渾天儀は長崎市立博物館の所蔵です。

月に祈りをささげ
星に願いをかけた
祖先たちに……………

1. 月の章

秋月

月の出

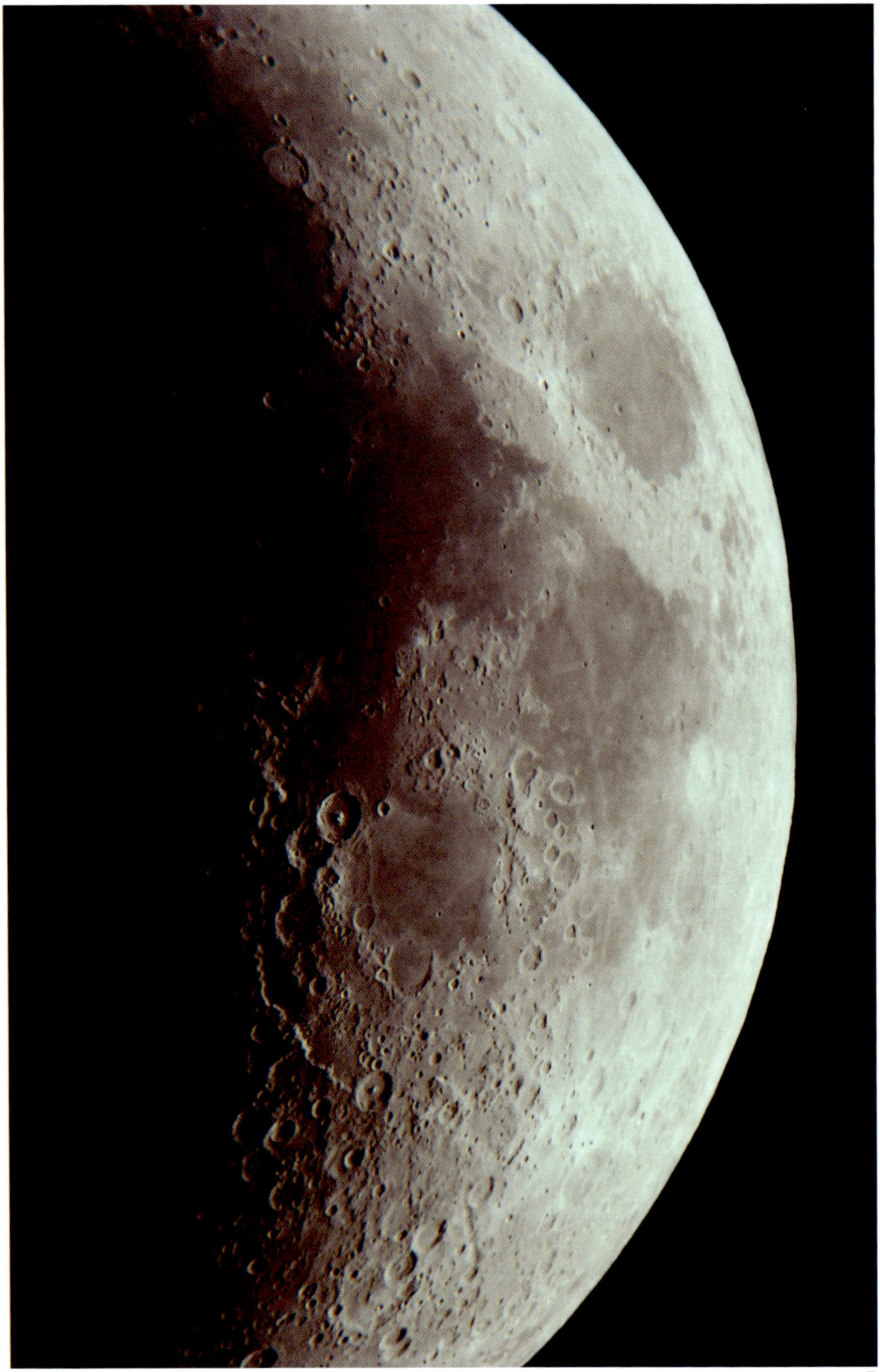

太陰
桂
姮娥
嫦娥
桂楫

月《つき》

めぐりあひて見しやそれともわかぬ間に雲かくれにし夜半の月かな(紫式部・新古今集)

古くから詩歌に詠まれてきた月は、いうまでもなく地球のただ一つの天然の衛星です。直径は地球の約四分の一、質量は地球の八〇分の一ほどで、表面にたくさんのクレーターがあります。自転をしながら約一ヶ月で地球を一周していますが、自転と公転の周期がほぼ等しいので、いつも同じ面を地球に向けています。太陽との位置関係で、満ち欠けをくり返します。

記紀には、星に関するものはほとんどありませんが、太陽と月については、伊弉諾尊《いざなぎのみこと》の左の眼から天照大神《あまてらすおおみかみ》、右の眼から月読命《つきよみのみこと》が生まれたと、『古事記』に記されています。『日本書紀』によると、天照大神は、五穀をつかさどる保食神《うけもちのかみ》のところへ月読命を訪ねさせました。保食神は、口から飯や魚をとりだしてもてなしたところ、月読命は怒って、保食神を斬り殺してしまいました。そして、この報告を受けた天照大神も腹を立て、天照大神と月読命はその後、それぞれ昼と夜にわかれて天に出ることになったといいます。

一方、ギリシア神話の月の神はアルテミスで、大神ゼウスとレートーとの間に生まれました。日の神アポロンは双生の兄にあたります。

なお、月は**太陰**《たいいん》、**桂**《かつら》、**姮娥**《こうが》、**嫦娥**《じょうが》など異名が数多くあります。桂とは古代中国の伝説にある、月の中に生えているという丈の長い想像上の木をいいますが、それが転じて月をさすようになりました。**桂楫**《かつらかじ》といえば、月の桂の木でつくったかじをいいます。

つきよみのひかりをまちてかへりませやまぢはくりのいがのしげきに(良寛)

久方の月の桂も秋はなほもみぢすればや照りまさるらむ(壬生忠岑《みぶのただみね》・古今集)

天の海に月の船浮け桂かじかけて漕ぐ見ゆ月人壮子《おとこ》(万葉集　巻十)

朔《さく》

月が太陽と同じ方向にあって、暗い半面を地球に向けるため、月を見ることができないことをいいます。また、陰暦で毎月の一日や、北の方角をさすこともあります。

新月《しんげつ》

朔と同じことですが、陰暦では、月の初めの夜に見える月を新月ともいいます。

露下り天高くして秋の気清く　空山に独り夜旅魂《たびごころ》驚く。疎灯自《ひと》り照らして帆孤《ひと》つ宿り　新月なおも懸かりて杵雙《ふた》つ鳴る(杜甫)

新月や青橘の影ぼふし(大島蓼《りょう》太《た》)

初月《はつづき》

陰暦八月初めの中秋最初の月をいいます。夕日を追うように、日没直後に沈もうとするのが見られます。

初月夜門二三歩の美しき(佐藤惣《そう》之《の》助《すけ》)

粟稗と目出度なりぬ初月夜(山岸半残)

三日月

二日月《ふつかづき》

陰暦で、毎月二日に見える月のこと。茜色の空に眉よりも細い月が、透き通るような光を放っています。

あかね雲ひとすぢよぎる二日月(渡辺水巴《すいは》)

こがらしに二日の月のふきちるか(山本荷兮《かけい》)

三日月《みかづき》

陰暦で毎月三日に出る、鎌のように細い月のことをいいます。

月に関する俗信は各地に残っており、たとえば静岡地方に、三日月が上るときや沈むときを見ると病気になったり不幸にあったりするというので、その日は豆腐を供えて拝むという風習があります。こうすれば身体は丈夫になって、幸福になれると言い伝えられています。

沖縄に古く伝わる『おもろさうし』という歌謡集に、「ゑけ上がる三日月や　ゑけ神ぎや金真弓《かなまゆみ》（おお、みそらにかかる三日月よ。おお、そは神の強い弓）」と歌われています。

三日月に地はおぼろ也蕎麦の花(松尾芭蕉)

上弦《じょうげん》

新月から満月になる間の**半月《はんげつ》**をいいます。日没のときに南中し、真夜中に弓の弦を上にして沈むところからついた呼び名です。**上《かみ》つ弓《ゆみ》張《はり》**とか、**上《かみ》の弓張《ゆみはり》**ともいいます。

半月
上つ弓張
上の弓張

上弦

十日夜《とおかんや》

陰暦十月十日の夜に行う収穫の祝いで、東日本では刈り入れが終わり、田の神が山に帰るといってお祭りします。また西日本では**亥の子《いこ》**といい、陰暦十月の亥の日に行います。田の神が去って行くと信じられ、子どもらが石に縄をつけ土を打ってまわり、収穫した穀物で餅をつき亥の刻に食べて祝います。

静岡県駿東郡では、十日の月が西に沈むまで夜なべをすると、金持ちになると言われています。

眼鏡して古日記見る亥の子かな(巖谷小波《いわやさざなみ》)

亥の子

十日夜

十三夜《じゅうさんや》

陰暦の毎月の十三日の夜のことですが、とくに九月十三日の夜をさすこともあります。八月の十五夜の月に対し、後《のち》の月《つき》と呼ばれています。縁起のよい月とされ、静岡県では、**十三夜様《じゅうさんやさま》**といって、拝むと成功するといい、神奈川県三浦郡では、十三夜が晴れていると小麦がよくとれるといわれています。
田舎から柿くれにけり十三夜(炭太祇《たんたいぎ》)
泊る気でひとり来ませり十三夜(与謝蕪村)

十三夜様

十三夜

待宵

待宵《まつよい》

中秋の名月の前夜、またはその夜の月のことをいいます。月見が花見のように庶民の楽しみであった昔、名月の夜が楽しみで待たれました。**小望月**《こもちづき》とも。

江戸川や月待宵の芒船《すすきぶね》(小林一茶)

小望月

十五夜

十五夜《じゅうごや》

陰暦の毎月十五日の夜のことですが、とくに八月十五日の夜をさすこともあります。古くから観月の好時節とされています。

十五夜をさす言葉に**三五**《さんご》があり、とくに陰暦八月十五日の夜を**三五夜**《さんごや》、その月を**三五**《さんご》**の月**《つき》といいます。

十五夜の雲の遊びてかぎりなし(後藤夜半《やはん》)

芋も子を産めば三五の月夜かな(山本西武《さいむ》)

三五
三五夜
三五の月

望《ぼう》

望月のくまなきを千里の外まで眺めたるよりも、暁ちかくなりて待ち出でたるが、いと心ぶかう、青みたるやうにて、ふかき山の杉の梢に見えたる木の間の影、うちしぐれわたる村雲がくれのほど、また哀れなり(吉田兼好/徒然草)

満月《まんげつ》とか**望月**《もちづき》ともいい、地球が太陽と月の間にあって、直線に並んだときのことをいいます。

願はくは花の下にて春死なむそのきさらぎの望月のころ(西行・続古今集)

望の月雨を尽くして雲去りし(渡辺水巴《すいは》)

木がくれて望のいさよふけしきかな(阿波野青畝《あわのせいほ》)

満月
望月

十六夜

十六夜《いざよい》

陰暦十六日の夜、または、その夜に上る**十六夜《いざよい》の月《つき》**のことをいいます。十五夜よりおよそ五〇分遅く、いざよい（ためらい）ながら上るためといわれています。

もろともに大内山は出でつれど入る方見せぬ十六夜の月（源氏物語）

いざよいや闇より出づる木々の影（三浦樗良《ちょら》）

十六夜のきのふともなく照らしけり（阿波野青畝《あわのせいほ》）

十六夜の月

既望《きぼう》

既に望、すなわち、満月が終わったという意味から呼ばれる、十六夜の異称です。

立待月《たちまちづき》

陰暦十七日の月のこと。日没後、立って待っているうちに月が上るところから、立待月と呼ばれています。立待とは、眠らないで事の成るのを待つという意味があります。

立待の夜を降りいでて萩しろし（水原秋桜子《しゅうおうし》）

古き沼立待月を上げにけり（富安風生《とみやすふうせい》）

立待月咄すほどなくさし亘り（阿波野青畝《あわのせいほ》）

立待月

居待月《いまちづき》

陰暦十八日の月のこと。座って待っているうちに月が上るところから、居待月と呼ばれています。

こほろぎやくもりわたれる居待月（五十崎古郷《いかざきこきょう》）

月の貌《かほ》やふけてもわかし十八夜（高瀬梅盛《たかのせばいせい》）

暗がりをともなひ上る居待月（後藤夜半《やはん》）

寝待月《ねまちづき》

陰暦十九日の月のこと。月の出る時刻が遅いため、寝て待つという意味から寝待月と呼ばれています。また、臥して待つの意から**臥待月《ふしまちづき》**ともいいます。

又ことし松と寝待ちの月出でぬ（小林一茶）

寝待月雨来て寝《い》ねし後知らず（水原秋桜子《しゅうおうし》）

臥待月

更待月《ふけまちづき》

陰暦二十日夜の月のことなので、二十日月《はつかづき》ともいいます。夜が更けるころ月が上るためこの名で呼ばれますが、亥の正刻（午後十時ごろ）に上るところから、**二十日**《はつか》**亥中**《いなか》とか、**亥中の月**《いなかのつき》とも呼ばれます。

男《を》の児《こ》得ぬ今宵更待酒汲まな(石塚友二《ともじ》)

二十日月
二十日亥中
亥中の月

下弦《かげん》

陰暦二十二、三日ごろの月のことで、満月と次の新月の間の半月をいいます。月が沈むとき、弓の弦が下向きになるところからついた呼び名です。**下**《しも》**つ弓張**《ゆみはり》とか、**下**《しも》**の弓張**《ゆみはり》ともいいます。この頃の月は真夜中に上り、夜明けに南中します。

をりふし秋の月は下のゆみはりなり(平家物語)

下つ弓張　下の弓張

二十三夜待ち《にじゅうさんやまち》

陰暦二十三日の夜半過ぎに月待ちをすることで、願いごとがかなうといわれています。人に代わって、願かけの修行や水ごりなどをする願人坊主のことを代待ちといいますが、浄瑠璃『今宮の心中』で、「二十三夜の代待ちや、門の通りはまだ四つ」と表現しています。静岡県では、二十三夜の月を拝んで寝ると、病気にならないと言い伝えられています。

なお、二十三夜の月は、子《ね》の刻（午前〇時ごろ）に上るため、**真夜中**《まよなか》**の月**《つき》ともいいます。

俳諧の二十三夜を誰と待たん(景山筍吉《じゅんきち》)

真夜中の月

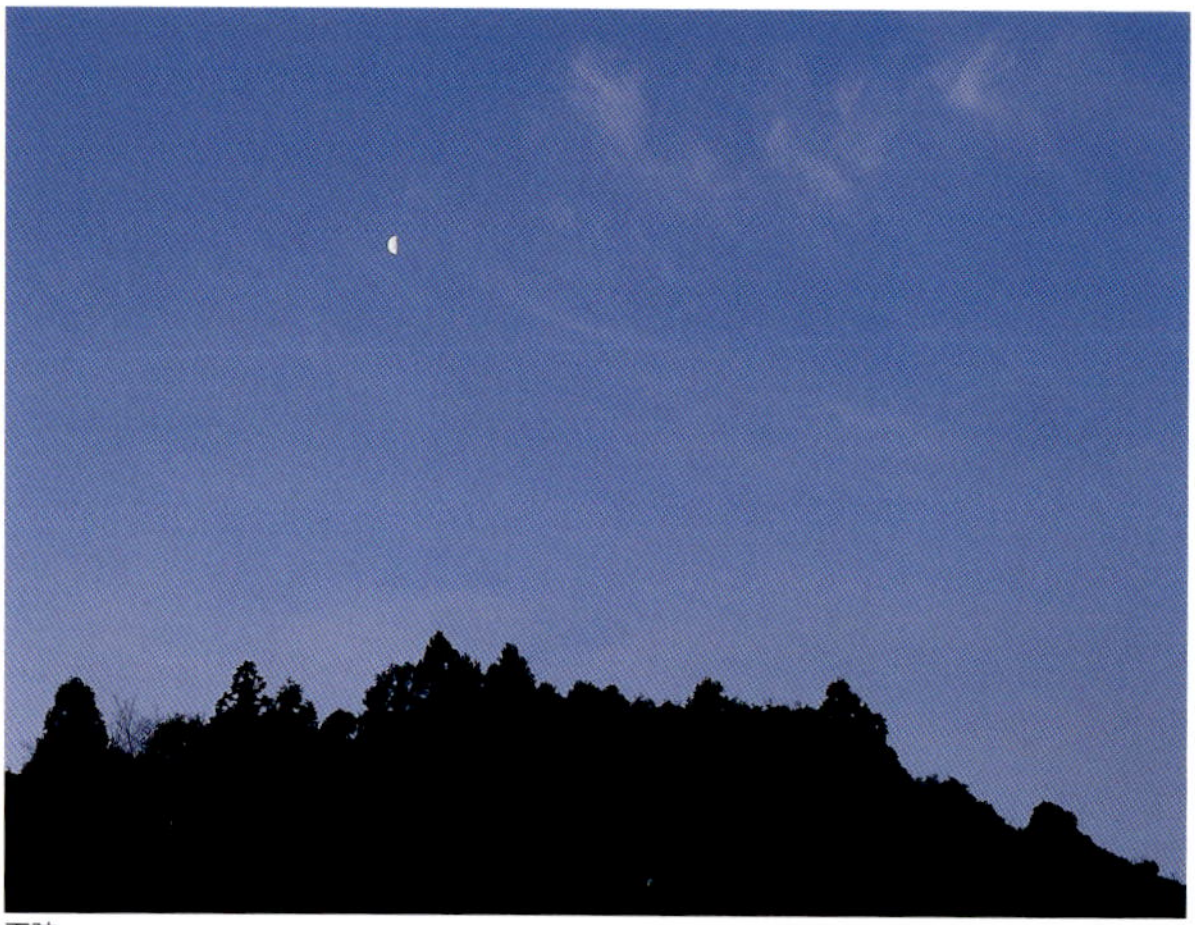

下弦

更待月

二十六夜《にじゅうろくや》

陰暦二十六日の月のことで、静岡市では九月二十六日の夜、お婆さんたちが集まって、「年に一度の六夜さん、御船に拝む嶺の月かげ」と、唱える風習が残っています。

朔望月《さくぼうげつ》

朔（新月）から次の朔にいたるまで、または、望（満月）から次の望にいたるまでの平均時間のことで、月の満ち欠けの周期に一致します。二九・五三日で、**太陰月《たいいんげつ》**ともいいます。

太陰月

晦《つきこもり》

月の末日、みそかのこと。月がこもり隠れるところからいいます。明治の初年まで行われていた太陰暦という古い暦では、月の一五日を満月とする立て方になっていました。それでちょうどその反対の月の終わりの日を、ツゴモリすなわち月の隠れるときといい、その翌日をツイタチといいました。タツというのは、はじめて現れることでありま
す
（柳田国男／火の昔）

二十六夜

二十七日の月

月の入り

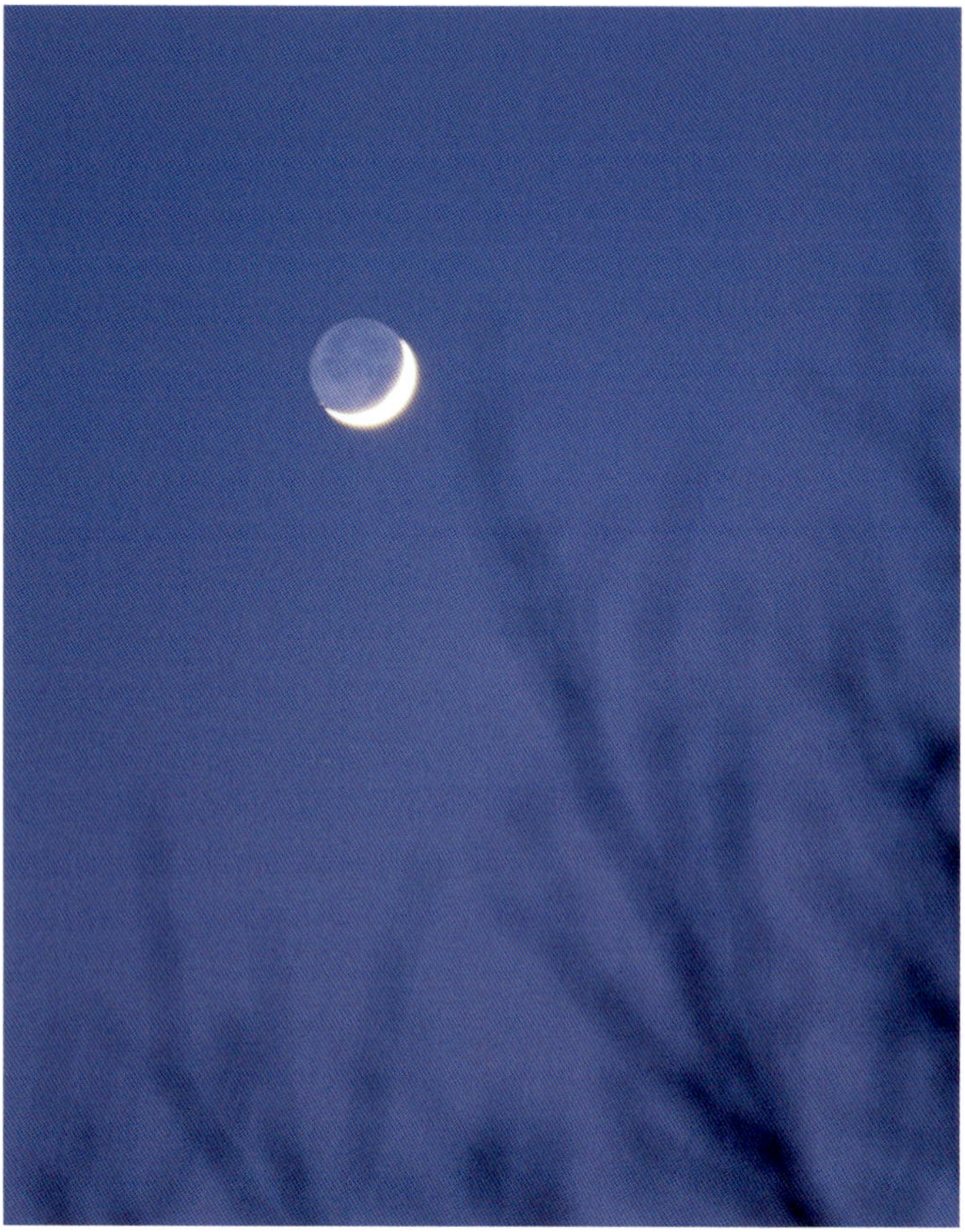

地球照

地球照《ちきゅうしょう》

地球の反射光で、月の欠けている部分が淡く光って見える現象をいいます。三日月前後によく見えます。

月齢《げつれい》

新月（朔）を零として数えた日数で、ほぼ月の満ち欠けをあらわす数値のこと。上弦の月齢はおよそ七・四前後、満月は一四・八前後、下弦は二二・一前後になります。また、月齢に応じて月の形が変化していく月の位相を、**月相**《げっそう》といいます。

月齢のことを**月波**《つきなみ》ともいいますが、こちらは月光の映った波を言い表すときにも使います。

水の面《おも》に照る月波を数ふれば今宵ぞ秋のもなかなりける
（源　順《みなもとのしたごう》・拾遺集）

月相
月波

月齢7

月齢5

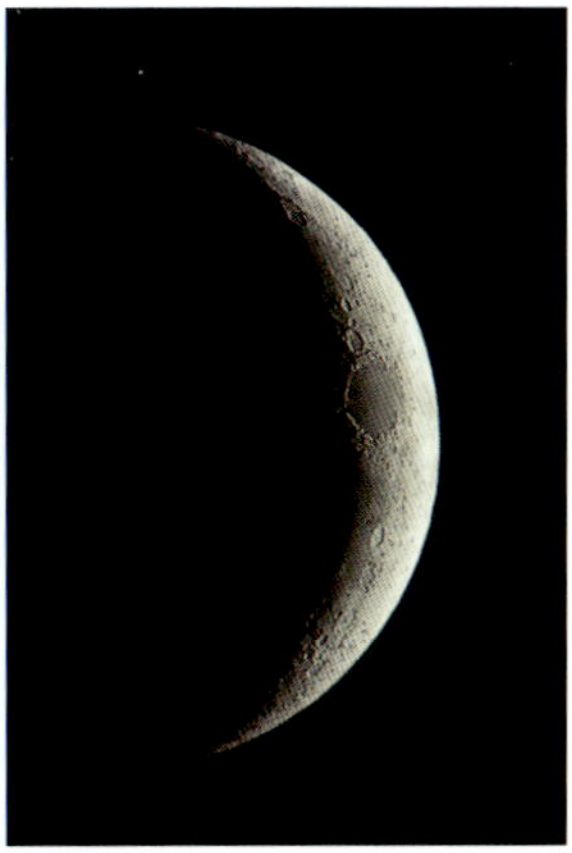
月齢3

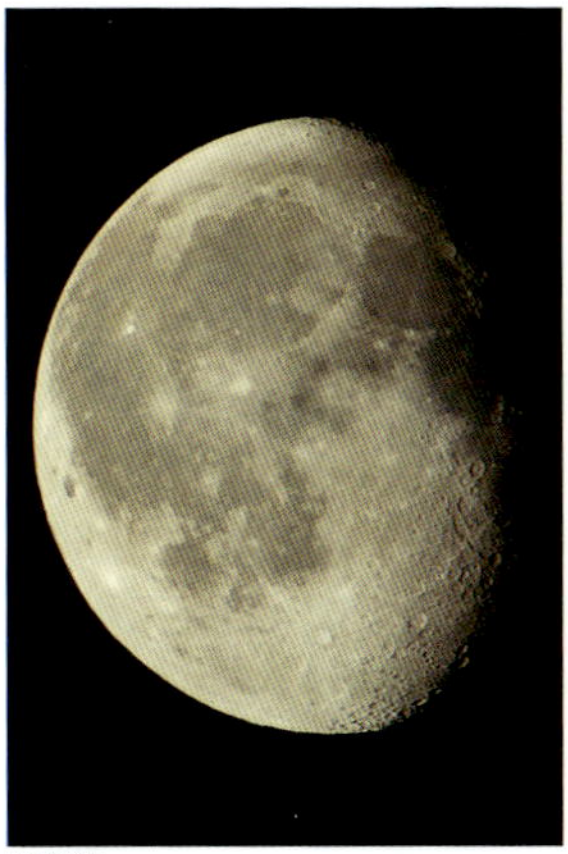
月齢19

月齢15

月齢10

月齢27

月齢25

月齢22

月の頃

中秋《ちゅうしゅう》

陰暦八月十五日のこと。秋（陰暦七、八、九月）の最中にあたるところから、中秋といいます。古くから月見の時節とされており、**仲秋**とも書きます。

仲秋

後の月《のちのつき》

陰暦八月十五日（十五夜）の月に対して、九月十三日の月を後の月といいます。また、八月十五日の**芋名月**《いもめいげつ》に対して、九月十三日を**豆**《まめ》**名月**《めいげつ》とか、**栗名月**《くりめいげつ》といって月見の行事を行います。

なお、**月**《つき》**の名残**《なごり》といえば後の月、**後**《のち》**の月見**《つきみ》といえば、中秋の月見に対して陰暦九月十三日の月見をさします。

橋桁のしのぶは月の名残かな（松尾芭蕉）

芋名月
豆名月
栗名月
月の名残
後の月見

月待ち《つきまち》

月の十三日、十七日、十九日、二十三日などの夜に人々が集まり、供物を供えてともに飲食をし、月の出を待って拝む行事のこと。無病息災や豊饒を祈願します。

二十三夜塔《にじゅうさんやとう》などの石塔が、各地に見られます。

二十三夜塔

月見《つきみ》

月をながめ観賞することで、とくに陰暦八月十五日と、九月十三日の月を観ることをいい、**観月**《かんげつ》ともいいます。すすきの穂、団子、稲の初穂、芋、栗、豆などを供えるところもあります。

雲折々人を休むる月見哉（松尾芭蕉）

浮世の月見過しにけり末二年（井原西鶴）

月見する水より音の尖りけり（桜井吏登《りとう》）

観月

月の頃《つきのころ》

満月前後の月のながめのよい頃のこと。

夏は夜。月のころはさらなり、やみもなほ、蛍の多く飛びちがひたる。また、ただ一つ二つなど、ほのかにうち光りて行くもをかし。雨など降るもをかし（清少納言／枕草子）

名月

四季の月《しきのつき》

一年を通して三日月を見ると、春から夏の月は横に寝て、秋から冬の月は立って見えます。月の軌道の関係ですが、このことから、三日月が縦に立っていると晴れ、横に寝ていると雨になるという天気占いが各地に残っています。茨城では、「月平らに船乗るな」といって、三日月が縦に見えると海は凪、横に見えると海が荒れると言い伝えられています。また、同じ月でも春の月は朧にかすみ、冬の月は透き通るような青白い光を放っています。春夏秋冬で、月の趣はそれぞれ異なります。

菜の花や月は東に日は西に(与謝蕪村)

五月雨《さみだれ》やある夜ひそかに松の月(大島蓼《りょう》太《た》)

あらしふく草の中よりけふの月(三浦樗《ちょ》良《ら》)

月や霰其夜《あられそのよ》も更《ふけ》て川ちどり(上田無腸《むちょう》)

春の月

寒月《かんげつ》

冷たく冴えた冬の月のこと。頭上からの青白い光が、寒さを強調しています。

寒月や石塔の影杉の影(正岡子規)

月天心《つきてんしん》

冬の満月は頭の真上近くを通り、こうこうと輝き、天の中心を通っているように見えます。この状態を月天心といいます。北半球の中緯度にある日本では、冬の満月がもっとも高度が高くなります。

天心にいざよふ月の下に住む(林千代子)

月天心の夜

雪待月

明月《めいげつ》

清く澄んだ月のことで、名月をさします。

独り幽篁《ゆうこう》の裏に坐し　琴を弾じて復た長嘯《ちょうしょう》す　深林人知らず　明月来たりて相照らす（王維）

明月を遮《さへぎ》る庇《ひさし》面白し（高浜虚子）

名月や池をめぐりて夜もすがら（松尾芭蕉）

雨月《うげつ》

雨の降る夜の月で、**雨夜《あまよ》の月《つき》**ともいいます。雨で見ることのできない名月をいいますが、恋人の姿を想像するだけで、実際には見られないことをたとえていいます。

また、きわめて稀にしか見られないことを、**雨夜《あまよ》の星《ほし》**といいます。

旅人よ笠島語れ雨の月（与謝蕪村）

くらがりに炭火たばしる雨月かな（石田波郷《はきょう》）

雨夜の月　雨夜の星

雪待月《ゆきまちづき》

今にも降り始めそうな雪催いの空にかかっている月のこと。同じ雪待月と書いて、陰暦十一月のことを、ゆきまつつきともいいます。

雪待月《ゆきまちづき》ひそかに梢もえゐたり（加藤楸邨《しゅうそん》）

薄月《うすづき》

月が霞んではっきりしないことを薄月といい、月光がほのかにさす夜のことを**薄月夜《うすづきよ》**といいます。

薄月や水行く末の小《さ》夜砧《よぎぬた》（高桑闌更《たかくわらんこう》）

薄月夜

薄月

弓張月

弓張月《ゆみはりづき》

弓のような形をした月のことで、上弦、または下弦の月のこと。**弦月**《げんげつ》ともいいます。

照る月を弓張りとしもいふことは山辺をさしていればなりけり(凡河内躬恒《おおしこうちのみつね》・大和物語)

弦月

月を追う

天満月《あまみつつき》

満月のこと。同じような言葉に**天満星**《あまみつほし》があり、こちらは夜空一面の星をさします。

天満星

月白《つきしろ》

月が出ようとしているときのことで、空が明るくなる状態をいいます。**月代**とも書き、こちらはさかやきとも読みます。冠の下にある男子のまえがみを半月状に剃ったところから呼ばれています。**額月**《ひたいづき》とも。

月代や膝に手を置く宵の宿(松尾芭蕉)

月代
額月

上る満月

沈む五日月

田毎の月 たごとのつき

長野県冠《かむり》着《き》山《やま》の山腹の、小さく区切った棚田ごとに映る月のこと。

帰る雁田毎の月のくもる夜に(与謝蕪村)

月宿る つきやどる

月は満ち欠けをくり返しながら、夜毎、西から東へ移動をしています。月がその夜の座を占めることを、月宿るといいます。

夏の夜はまだ宵ながら明けぬるを雲のいづこに月宿るらむ(清原深養父・古今集)

月宿る沢田の面《おも》にふす鴫《しぎ》の氷より立つあけがたの空(続草庵集)

白道 はくどう

月が天球上に描く軌道のこと。太陽の見かけの通り道である黄道とは、平均五度八分四三秒四三傾いています。

月宿る

昼の月

月光

月明かり《つきあかり》

月の光、または月の光で明るいことをいいます。**月光**《げっこう》、**月華**《げっか》とか**月明**《げつめい》とも。

住む人もなき山里の秋の夜は月の光もさびしかりけり(藤原範永・後拾遺集)

胸にさす月光声をあげて受く(加藤楸邨《しゅうそん》)

月光にぶつかつて行く山路かな(渡辺水巴《すいは》)

月光　月華　月明

月下《げっか》

月の光のさすところ。チュベローズは、夜咲いて芳香があるところから**月下香**《げっかこう》といい、同じように夏の夜に咲く純白の大輪を**月下美人**《げっかびじん》といいます。

夜ル窃《ひそか》ニ虫は月下の栗を穿《うが》ツ(松尾芭蕉)

鴨渡る月下蘆荻《ろてき》の音もなし(水原秋桜子《しゅうおうし》)

月下香　月下美人

月夕《げっせき》

月がこうこうと照っている夜のことで、陰暦八月十五日の夜をさすこともあります。

月前《げつぜん》

月光が照らしている範囲を月前といい、他の勢力の前で影が薄くなった存在を**月前**《げつぜん》**の星**《ほし》といいます。

月前の星

月影《つきかげ》

月、または月光のこと、さらに月の形、月の姿、あるいは月の光でうつるものの影のことをいいます。

ゆく末は空もひとつの武蔵野に草の原より出づる月影(藤原良経・新古今集)

冬枯れの森の朽葉《くちば》の霜の上に落ちたる月の影のさむけさ(藤原清輔《きよすけ》・新古今集)

秋風にたなびく雲の絶え間よりもれ出づる月の影のさやけさ(藤原顕輔《あきすけ》・新古今集)

月映え《つきばえ》

月光に照らされて、美しく映えることをいいます。

闇はあやなきを月映え今少し心ことなりと(源氏物語)

月映え

月の氷《つきのこおり》

澄みわたった夜空に冴えた月が氷のように見えるとか、月光が水にうつってきらめくようすを、月の氷といいます。

月の氷にをしぞ立つなる（拾玉集）

月の剣《つきのつるぎ》

三日月の異称で、形が剣に似ているところからついた呼び名です。また、形が眉に似ているところから、**月《つき》の眉《まゆ》**ともいいます。

月のまゆ峰に近づく夕間暮れ（元永二年七月内大臣殿歌合）

月の眉

月の氷

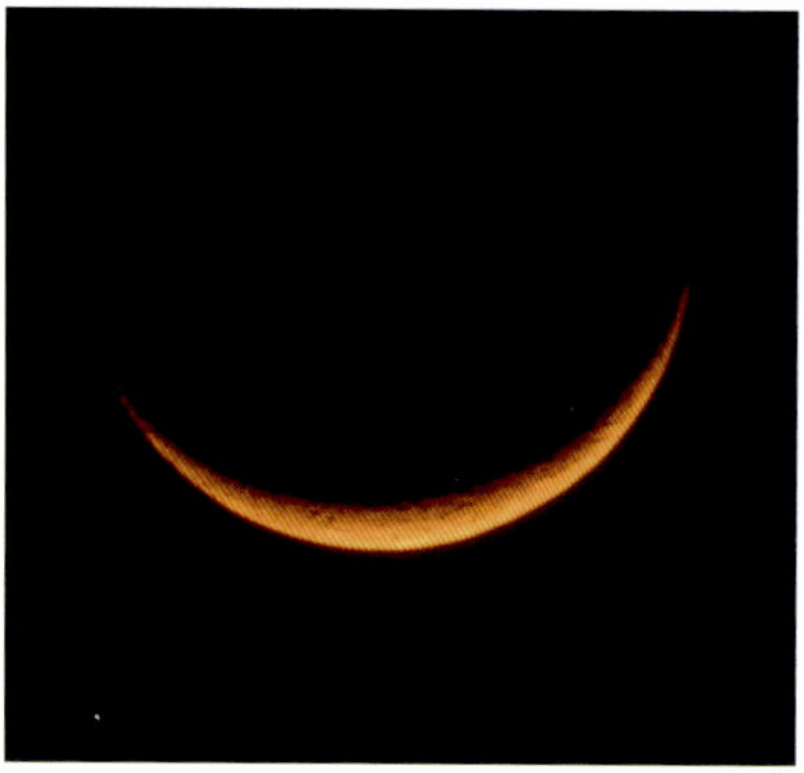

月の剣

月の霜《つきのしも》

月の光が冴えて白いのを霜にたとえていう言葉。同じように、**月《つき》の雫《しずく》**といえば、露をさします。

月の霜をや秋と見つらむ（後撰和歌集）

月の雫

月の鏡《つきのかがみ》

月の形を鏡に見立てたもので、満月または晴れ渡った月のことをいいます。また、月影をうつす池水の面を澄みきった鏡にたとえた言葉でもあり、**月《つき》の真澄《ます》鏡《かがみ》**ともいいます。

山水《やまみず》にさえ行く月のますかがみ　こほらずとても流るとも見ず（藤原定家）

月の真澄鏡

月の盃《つきのさかずき》

弓なりにそった月を、盃に見立てていう言葉です。

月の盃さす袖も雪を回らす袂かな（謡曲　紅葉狩）

月の船《つきのふね》

夜空を海に見立て、月が動いて行くようすを船にたとえたもの。

天の海に雲の波立ち月の船星の林に漕ぎ隠る見ゆ（万葉集　巻七）

月の盃

月の船

月に磨く《つきにみがく》

月の光に照らされ、景色がいちだんと美しくなることを月に磨くといい、**月《つき》に明《あ》かす**といえば、月を見ながら夜を明かすことをいいます。

峰のま榊埋もれて月に磨ける天の香具山（新古今集）

うきふしも知らでや今宵月に明かさむ（新続古今集）

月に明かす

月の都《つきのみやこ》

月の中の仙女の住む宮殿をさしていいます。唐の玄宗が、中秋の夜に月の都の広寒宮《こうかんきゅう》に遊んだという故事からきています。**月宮殿《げっきゅうでん》**とも。

見るほどぞしばしなぐさむめぐりあはむ月の都ははるかなれども（源氏物語　須磨）

ながめつつ思ふも寂し久方の月の都の明け方の空（藤原家隆・新古今集）

月宮殿

月痕

月色《げっしょく》

月の光、または月の色のこと。同じように月の光をさすものに**月気**《げっき》があります。また、名残の月影、夜明けの月影をさして**月痕**《げっこん》といいます。

月気　月痕

月の顔《つきのかお》

月、または月の光のこと。月の顔をまともに長い間見たり、月光に照らされながら眠ることはよくないと世界各地でいわれています。日本でも、古くから冥界を支配する神と考えられてきました。平安時代に渡来した、白居易の詩文集『白氏文集《はくしもんじゅう》』に、「月明《げつみょう》にたいして往時《むかし》を思うなかれ。君の顔色を損じ君の年を減ぜん」というのがあります。

月暈《つきかさ》

月の周囲に見える光の輪のこと。月の光が氷の結晶からなる薄い雲（巻層雲）を通るとき、反射や屈折を受けて起こります。半径二二度のものと、四六度のものがあります。**暈**《かさ》は太陽にもでき、こちらは**日暈**《ひがさ》といいます。

暈　日暈

玉兎《ぎょくと》

月の中に兎がすむという伝説から、月のことをさします。同じように太陽の中に三足の烏がいるという想像から、太陽のことを**金烏**《きんう》といいます。

金烏

月輪《げつりん》

月の異称。月の形が丸く、輪のように見えるところからいいます。また、**月魄**《げっぱく》といえば、月、または月の精や神をさします。

月魄

玉兎

月の顔

月の塔

月食《げっしょく》

月が地球の影に入り、見えなくなる現象を月食といいます。太陽、地球、月が一直線に並ぶとき、すなわち満月のときに起きます。ただし毎回の満月のときではなく、黄道と白道の交点付近で満月になるときに限られます。月が地球の**半影**《はんえい》に入ると、太陽の光の一部があたらなくなるため、月の光はわずかに暗くなりますが、ふだんの満月のときとほとんど区別がつきません。**本影**《ほんえい》に入って初めて月が欠けて見えます。月全体が本影に入るときを**皆既月食**《かいきげっしょく》といい、月が一部分しか欠けないときを**部分月食**《ぶぶんげっしょく》といいます。

皆既中でも月は完全に見えなくなってしまうわけではなく、地球の大気で屈折された太陽の光がとどくため、赤銅色のにぶい光を放ちます。

月食や日食は、人間に代わって月や太陽が病んでくれるとか、罪悪を背負って龍に呑まれるのだというところがあります。静岡や神奈川のある地域では、月食を拝むと病気にならぬとか、月食のとき、たらいに水をくんで拝むと病気が治るといわれています。

半影
本影
皆既月食
部分月食

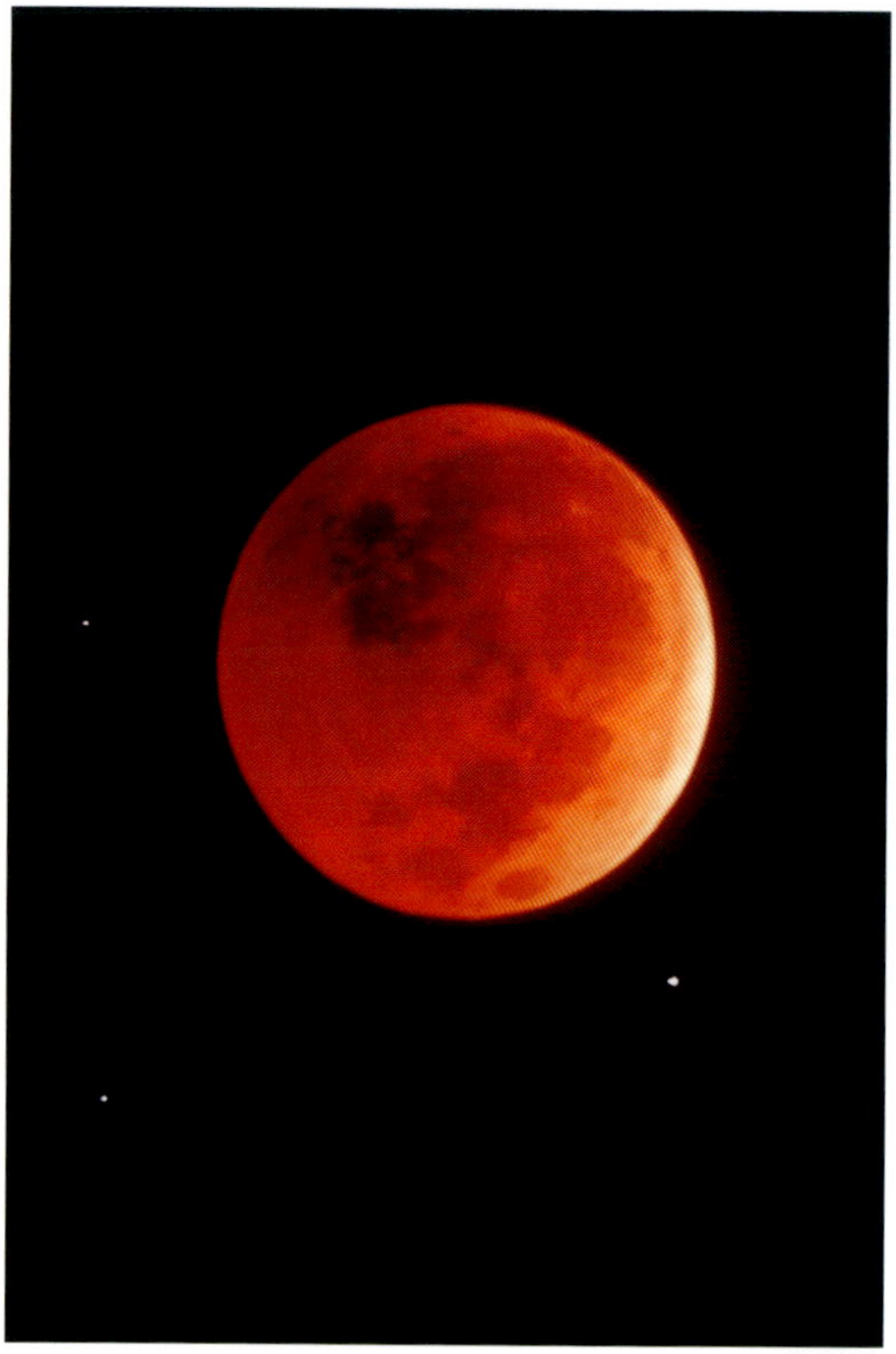
皆既月食

掩蔽《えんぺい》

月が恒星や惑星の前を通って隠す現象のことで、**星食**《せいしょく》ともいいます。恒星や惑星が月のうしろに入るときを潜入、うしろから出るときを出現といい、このときの時刻を正確に観測すれば、月の運動や観測地の経緯度を知るのに役立ちます。

星食

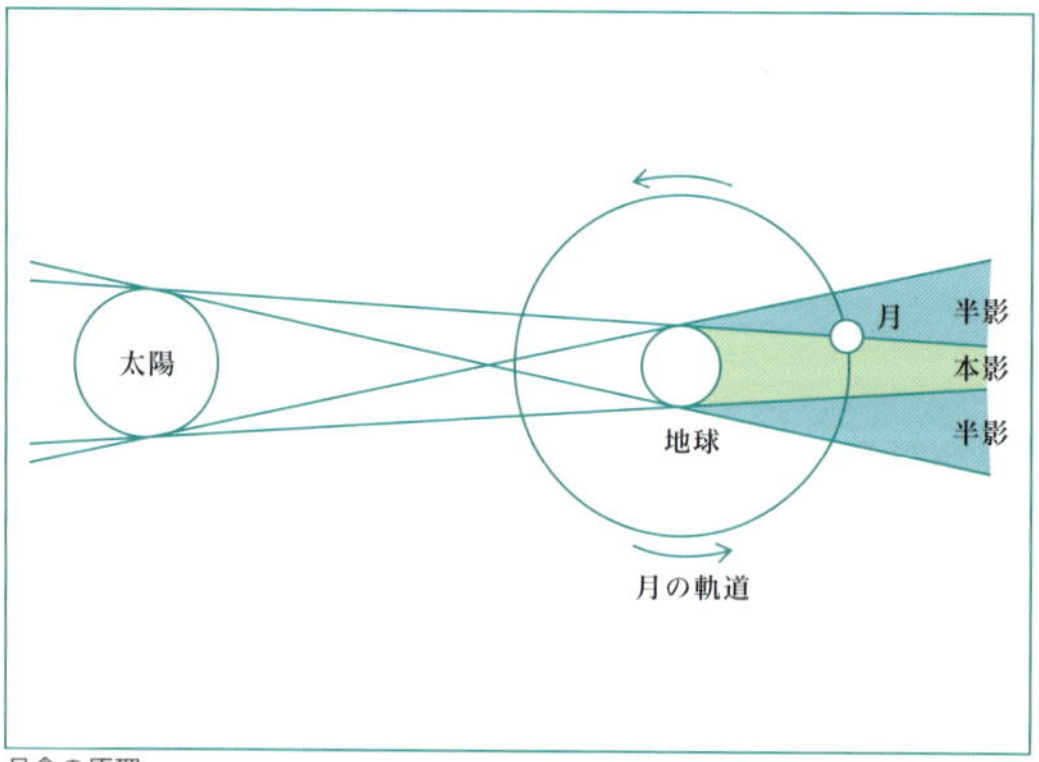

月食の原理

牡牛座の皆既月食

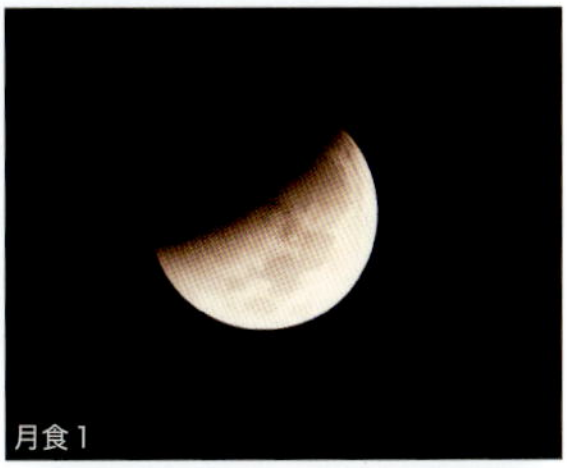
月食1

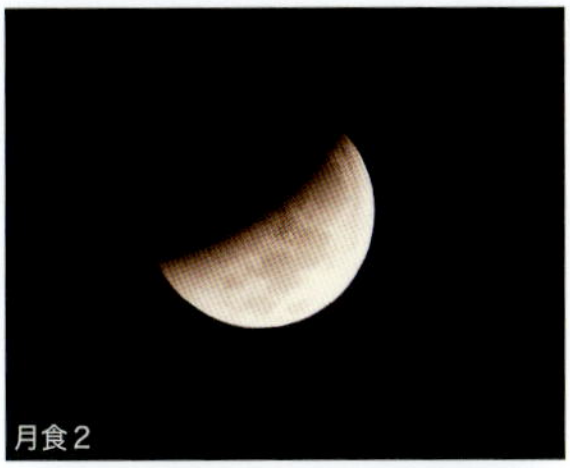
月食2

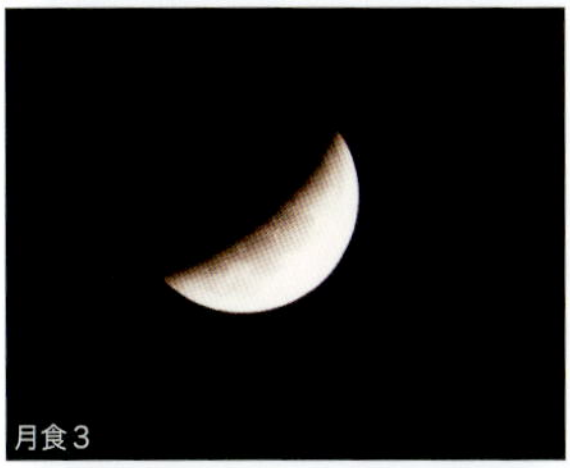
月食3

月食4

月食5

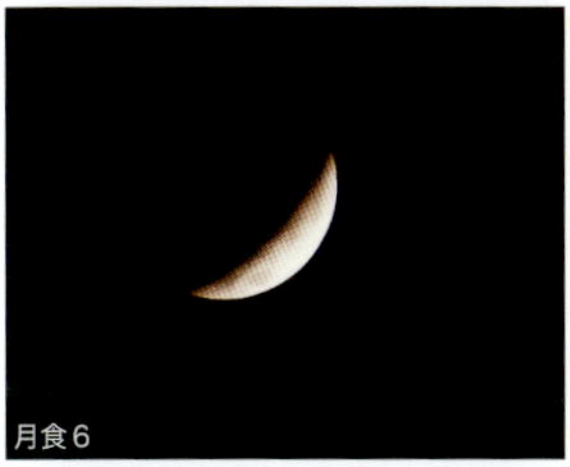
月食6

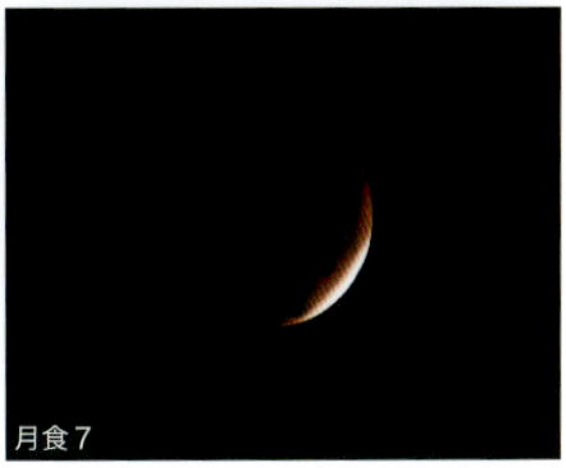
月食7

月食8

月食9

2. 夜の章

黄昏

夕暮れ《ゆうぐれ》

日が沈みかかって暗くなること。**日暮れ**《ひぐれ》どきのことで、日の暮れる時分のことを**夕暮方**《ゆうぐれがた》といいます。天文学では、日没後、太陽が地平線下七度二一分四〇秒になったときを日暮れといいます。条件がよければ、三、四等星が見えます。同じように、日の出前に同じ高度に太陽がきたときを**夜**《よ》**明**《あ》**け**といいます。

夕暮れは雲のはたてに物ぞ思ふ天《あま》つ空なる人を恋ふとて(よみ人しらず・古今集)

かれ枝に鳥のとまりけり秋の暮(松尾芭蕉)

日暮れ
夕暮方
夜明け

春分の夕暮れ

夏至の夕暮れ

秋分の夕暮れ

冬至の夕暮れ

夕虹《ゆうにじ》

夕方にあらわれる虹のこと。夕方に虹が見えると晴天が続くところから、夕虹《ゆうにじ》、百日《ひゃくにち》の旱《ひでり》という俚言があります。

夕焼け《ゆうやけ》

日没のとき、西の空が茜色に染まる現象。夕焼けの翌日は晴れになるところから、早めに仕事の支度をしろという意味で、「夕焼けに鎌をとげ」と古くからいわれています。そのほか、夕鳩百《ゆうばとひゃく》日日和《にちびより》、夕鳶《ゆうとび》は笠《かさ》をぬげなどの俚言も。夕方鳩や鳶が鳴いて飛ぶのは晴れのしるし、という意味です。

ぼくね、日の暮れるころが、だいすきなんだよ。きみ、日の沈むとこ、ながめにいこうよ……(サン=テグジュペリ/星の王子さま(内藤濯《あろう》訳)

夕日《ゆうひ》

夕方、西に沈もうとする太陽のことで、同じような言葉に**入り日**《いりひ》、**落日**《らくじつ》などがあります。**夕日隠**《ゆうひがくれ》といえば夕日が沈むという意味のほかに、夕日のあたらないこと、あるいはその場所をさすこともあります。

旅人の袖吹きかへす秋風に夕日寂しき山のかけはし(藤原定家・新古今集)

沈み果つる入日のきはにあらはれぬ霞める山のなほ奥の峰(京極為兼《きょうごくためかね》・風雅集)

入り日
落日
夕日隠

夕日

夕日隠

夕
夕方
夕刻
夕さり
夕まし
薄暮
暮れ
暮れ泥む
入相

夕間暮れ《ゆうまぐれ》

日が暮れて夜になるまでのわずかな間のこと。まぐれは目暗《まぐれ》。同じような意味合いの言葉に**夕**《ゆうべ》、**夕方**《ゆうがた》、**夕刻**《ゆうこく》、**夕さり**《ゆう》、**夕まし**《ゆう》、**薄暮**《はくぼ》、**暮れ**《く》、**暮れ泥む**《くなず》、**入相**《いりあい》など美しいものが多くあります。

夕されどかどたの稲葉おとづれて蘆《あし》のまろやに秋風ぞふく(源経信・金葉集)

入相《いりあい》の声する山の陰暮れて花の木《こ》の間に月出でにけり(永福門院・玉葉集)

夕間暮れ

夕映え

夕日影《ゆうひかげ》

夕日の光、または夕方の日影のことをいいます。夕日の光を受けて、あたりが美しく輝いて見えることは**夕映《ゆうば》え**です。

波の上に映る夕日の影はあれど遠《とほ》つ小島は色暮れにけり（京極為兼《きょうごくためかね》・風雅集）

夕映え

夕山《ゆうやま》

夕暮れに薄墨を流したように見える山を夕山といい、夕日が西山に入ろうとすることを**春《うす》づく**といいます。

夕焼けや夕山雉《きぎす》赤鳥居（小林一茶）

春づく

夕明かり《ゆうあかり》

夕暮れどきに残るほのかな明るさを、夕明かりといいます。**残照《ざんしょう》**のことです。また、日が落ちたあとの暗さのことは**夕闇《ゆうやみ》**といいます。月が上るまでの間のことです。

残照
夕闇

夕山

夕明かり

夕闇

黄昏月と黄昏星

黄昏《たそがれ》

夕暮れのうす暗いときのこと。「誰そ彼そ」と、人が見分けにくいときの意味があります。**黄昏草**《たそがれぐさ》といえば夕顔、**黄昏鳥**《たそがれどり》といえばほととぎすをさします。（38・39）

誰そ彼と問はば答へむ術《すべ》をなみ君が使ひを帰しつるかも
（万葉集　巻十一）

黄昏草
黄昏鳥

黄昏月《たそがれづき》

黄昏どきに西の空にかかる細い月のことで、月齢三、四の月を意味します。また**黄昏星**《たそがれぼし》といえば、宵の明星すなわち金星をさします。

黄昏星

宵《よい》

夜のまだ更けないころのこと。同じような言葉に、**宵《よい》の口《くち》**とか**宵《よい》のうち**があります。また、**宵宵《よいよい》**といえば宵ごと、すなわち毎晩のことをさします。

公達《きんだち》に狐化けたり宵の春（与謝蕪村）

人知れぬわが通ひ路《ぢ》の関守は宵々ごとにうちも寝ななむ（在原業平・古今集）

宵の口
宵のうち
宵宵

宵

黄道光《こうどうこう》

日《ひ》の入《い》り後、赤く染まった西の空が暗くなりかかるころ、地平線近くから黄道面にそって現れる舌状の淡い光のこと。一月から三月ごろが好期。夜明け前の東の空にも見え、こちらは十月から十一月ごろが好期になります。

日の入り

宵闇《よいやみ》

陰暦十六日から二十日ごろまでの宵のうちは、月が出ないので暗い。その時のことを宵闇といいます。

すた〳〵と宵闇かへる家路かな（飯田蛇笏《だこつ》）

宵闇や草に灯を置く四つ手守（水原秋桜《しゅうおう》子《し》）

宵闇

宵月と宵の明星

トワイライト

宵の明星《よいのみょうじょう》

夕方西の空に見える金星。**長庚**《ゆうずつ》、黄昏星ともいい、長庚は**夕星**とも書きます。光度はおよそマイナス四等なので、夕方西の空に見えるときは一番星になります。

明星やさくらさだめぬ山かづら(榎本《えのもと》其《き》角《かく》)

長庚
夕星

宵月《よいづき》

宵の間に見える月のことで、宵の間だけ月のある夜のことを**宵月夜**《よいづきよ》といいます。また、夕方の月を**夕月**《ゆうづき》、月のある夕暮れ時や、夕方だけ月のある夜のことを**夕月夜**《ゆうづくよ》、またはゆうづきよといいます。

夕月夜潮満ち来《く》らし難波江《なにはえ》の葦《あし》の若葉に越ゆる白波
（藤原秀能・新古今集）

夕月夜島山葛をうちまとひ（松本たかし）

夕月のそこより闇は拡がりぬ（馬詰柿木《うまづめしぼく》）

宵月夜
夕月
夕月夜

夕月

春宵《しゅんしょう》

春の宵のこと。花は盛り、月はおぼろな春の夜のひとときは、千金にもかえがたいすばらしい心地がします。それを言い表した言葉に、**春宵一刻価千金**《しゅんしょういっこくあたいせんきん》があります。

春宵の枕行燈灯を忘る（飯田蛇笏《だこつ》）

春宵や光り輝く菓子の塔（川端茅舎《ぼうしゃ》）

春宵一刻価千金

夜の帳《よるのとばり》

帳は室内に垂れ下げて、目隠しや仕切りに用いる布のこと。すなわち、帳が降りて夜になるという意味で使います。

夜の帳

星降る夜

夜《よる》

日の入りから日の出まで、太陽の沈んでいる間のこと。**夜**《よ》ともいい、**夜**《よ》**を籠**《こ》**む**といえば、まだ暗い時分、あるいは夜明け前をさします。
春の夜の闇はあやなし梅の花色こそ見えね香《か》やは隠るる(凡河内躬恒《おおしこうちのみつね》・古今集)
夏の夜の臥《ふ》すかとすればほととぎす鳴く一声に明くるしののめ(紀貫之・古今集)
秋の夜は宿かる月も露ながら袖に吹きこす荻《をぎ》の上風《うはかぜ》(源通具《みちとも》・新古今集)
思ひかね妹《いも》がりゆけば冬の夜の川風寒み千鳥鳴くなり(紀貫之・拾遺集)

夜
夜を籠む

夜さり《よさり》

夜のこと。さりは、近づくという意味のさるの連用形。**夜**《よ》**さ**は夜さりのことで、**よさこい**は、夜さり来いのこと。また、**夜**《よ》**さりつ方**《かた》も夜や夕方をさします。そのほか夜を表す言葉に**暮夜**《ぼや》、**夜半**《よわ》、**夜陰**《やいん》、**小夜**《さよ》などがあります。

人もつゝみ我もかさねてとひがたみ頼めし夜半はたゞ更けぞゆく(京極為兼《きょうごくためかね》)

夜さ　よさこい　夜さりつ方
暮夜　夜半　夜陰　小夜

夜気《やき》

夜の空気、夜の気配のことですが、夜の静かなようすや気持ちなどもさします。
秋の夜や旅の男の針仕事(小林一茶)
秋ひとり琴柱《ことじ》はづれて寝ぬ夜かな(山本荷兮《かけい》)

夜更け

小夜時雨《さよしぐれ》

夜中に降る雨のこと。小夜のつく言葉に、夜どおしは**小夜**《さよ》**すがら**、夜が更けるは**小夜更**《さよふ》**く**、真夜中は**小夜中**《さよなか》、夜に吹く嵐は**小夜嵐**《さよあらし》などがあります。また、セレナーデは**小夜曲**《さよきょく》ともいいます。
み吉野の山の秋風さ夜ふけてふる里寒く衣うつなり(藤原雅経・新古今集)
やすらはで寝なましものを小夜更けて傾《かたぶ》くまでの月を見しかな(赤染衛門《あかぞめえもん》・後拾遺集)

小夜すがら
小夜更く
小夜中
小夜嵐
小夜曲

夜更け《よふけ》

夜の深くなること。同様な言葉に**深夜**《しんや》、**真夜中**《まよなか》、**更**《ふ》**く**、**深更**《しんこう》、**午夜**《ごや》などがあります。

かささぎのわたせる橋に置く霜の白きを見れば夜ぞ更《ふ》けにける(大伴家持・新古今集)

深夜　真夜中
更く　深更　午夜

月夜

五更《ごこう》

ひと夜を五つに分けたときの時刻の総称。午後七時から九時ごろまでを**初更**《しょこう》、午後九時から十一時ごろまでを**二**《に》**更**《こう》、午後十一時から午前一時ごろを**三更**《さんこう》、午前一時から三時ごろを**四更**《しこう》、午前三時から五時ごろを**五更**《ごこう》といいます。

初更
二更
三更
四更
五更

五夜《ごや》

ひと夜を五つに分けたときの時刻の総称で、五更の別の呼び方です。初更を**甲夜**《こうや》、二更を**乙夜**《いつや》、三更を**丙夜**《へいや》、四更を**丁夜**《ていや》、五更を**戊夜**《ぼや》といいます。

甲夜
乙夜
丙夜
丁夜
戊夜

六時《ろくじ》

一昼夜を六つに分けた時間で、**晨朝**《じんじょう》、**日中**《にっちゅう》、**日没**《にちもつ》、**初夜**《しょや》、**中夜**《ちゅうや》、**後夜**《ごや》のことをいいます。

晨朝　日中　日没
初夜　中夜　後夜

月夜《つきよ　つくよ》

月の明るい夜のことをいいます。

「他人おそろし闇夜はこわい、親と月夜はいつもよい」とは、柳田国男の『火の昔』の「やみと月夜」の一節です。

さらに、「他人の中にも恐ろしい人ばかりでなく、よい人はいくらでもあることがだんだんわかってきて、その中から友だちをこしらえていくのですが、なれないうちはなんだかみんながこわい人のように思われたのと同じに、やみ夜というものは何もかも恐ろしいように、はじめて親の家を離れて世間に出てきた子供たちは感じておりました。それゆえに灯火のまだ発達しなかった時代には、月夜ほどうれしいものはなかったのであります」と、昔の人にとって、月は太陽とともに生活の重要な一部だったことを記しています。

渡津海《わたつみ》の豊旗雲《とよはたぐも》に入り日さし今夜の月夜清明《あきら》けくこそ（中大兄皇子）

中天《ちゅうてん》

天の中心のことで、**天心**《てんしん》をさします。

賑はへる月中天の一の酉（林千代子）

天心

五色の夜

良夜《りょうや》

月の明るい夜、とくに中秋の名月の夜のことをさします。また、いつまでも眺めのよい夜は惜しむべき夜なので、それを**可惜夜**《あたらよ》といいます。

あたら夜の月と花とを同じくあはれ知れらむ人に見せばや（源信明・後撰集）

ああ月は美しいな、あのしんとした中空を夏八月《なつはちぐわつ》の良夜《あたらよ》に乗つきつて（ラフォルグ／月光〈上田敏訳〉）

可惜夜

朧月夜

短夜《みじかよ》

夏の短い夜のこと。反対に**夜長**《よなが》といえば秋の夜をさします。

短夜の日本の幅を日本海へ（中村草田男）

夜長さや所も変へず茶立虫（加舎白雄《かやしらお》）

あいつらも夜長なるべしそゝり唄（小林一茶）

山鳥の枝踏みかゆる夜長かな（与謝蕪村）

夜長

朧月夜《おぼろづきよ　おぼろづくよ》

言問ひにほろ酔ふ人や月おぼろ（林千代子）

春の宵などのほのかにかすんだ月を**朧月**《おぼろづき》といい、その夜のことを**朧夜**《おぼろよ》とか朧月夜といいます。

照りもせず曇りもはてぬ春の夜の朧月夜にしくものぞなき（大江千里《ちさと》・新古今集）

宿かさぬ人のつらさをなさけにて朧月夜の花の下臥《したぶし》（大田垣蓮月）

朧月

朧夜

終夜《よもすがら》

日暮れから夜明けまで、一晩中のこと。**よすがら**とも。

夜もすがら物思ふころは明けやらで閨《ねや》のひまさへつれなかりけれ（俊恵《しゅんえ》法師・千載集）

よすがら

星月夜《ほしづきよ　ほしづくよ》

星の光が月のように明るく見える夜のことで、同じような言葉に星夜《せいや》があります。鎌倉坂ノ下に星月夜《ほしづきよ》の井戸《いど》と呼ばれる井戸があり、昼間でも星が見えると伝えられています。

星月夜は暗さを倉に言いかけることから、鎌倉にかかる枕ことばで、謡曲『調伏曽我』に「箱根詣《まう》でのおんために、明くるを待つや星月夜鎌倉山を朝立ちて」と謡われています。

我ひとり鎌倉山を越行けば星月夜こそうれしかりけれ（藤原実成娘）

われの星燃えてをるなり星月夜（高浜虚子）

星夜

星月夜

星の尾根

夜寒《よさむ》

夜の寒さのこと。とくに、秋の夜の寒さをしみじみ感じることをいいます。

聞きわびぬ八月九月《はつきながつき》長き夜の月の夜寒に衣うつ声（後醍醐天皇・新葉集）

病雁《やむかり》の夜寒に落ちて旅寝かな（松尾芭蕉）

糊箱《のりばこ》に躍《おど》る鼠《ねずみ》の夜寒かな（長谷川零余子《れいよし》）

星野

聖夜《せいや》

十二月二十四日のキリスト生誕の前夜のことで、**クリスマス・イブ**ともいいます。キリスト誕生の年を紀元一年としていますが、一説にはキリストの誕生日は、それより四年前といいます。キリスト降誕を祝うようになったのは、紀元三六〇年近くになってからで、サタネリアという異教徒が十二月二十五日に祭礼を行ったことから、始めるようになったといいます。
今日では日本中に広まり、クリスチャンである無しにかかわらず、正月と合わせて楽しむようになりました。

鎌倉に馬車の往来やクリスマス（久保田万太郎）
降誕祭山上の岩星まみれ（中島斌雄《たけお》）

クリスマス・イブ

除夜《じょや》

大晦日の夜のこと。江戸時代、祝祭日や将軍の忌日などで刑罰をしないことに定めた日を除刑日、または除日といい、除夜はその言葉からきたものです。
この夜、各寺院でつく鐘を**除夜《じょや》の鐘《かね》**といい、百八種の煩悩のねむりを覚まさせて、仏道を成《じょう》ぜさせる、あるいは、百八種の菩薩の徳を讃えてつくものといわれています。
昔は子の刻、いまの午前〇時を一鐘《いっしょう》として百八の鐘がつかれましたが、現在は百七つまで年内につき、最後の一鐘を午前〇時につくように変わりました。

除夜過《す》ぐる清《すが》しき火種絶やすなく（野沢節子）

除夜の鐘

闇《やみ》

夜の暗いこと。光のない状態。**闇夜《やみよ》**といえば月のない夜をさします。

五月闇《さつきやみ》短き夜半《よは》のうたた寝に花橘《はなたちばな》の袖に涼しき（慈円・新古今集）

闇夜

クリスマス・ツリー

夜天光《やてんこう》

夜の自然光のこと。真っ暗闇といえども大気光、黄道光、夜光雲、星野光などのため、微かな明かりがあります。

大気光《たいきこう》

地球の高層大気の発光をいいます。オーロラのような一時的発光とは異なります。大気光の明るさは地球上の場所、日時、空の区域によって変化します。発光層はおよそ地上六〇～三〇〇キロで、太陽からの放射線によって電離、または分解した大気中の分子、原子が再結合するときに発光します。

対日照《たいじつしょう》

月のない夜半ごろ、黄道付近に見える淡い光のこと。太陽と正反対にあるところから対日照といわれ、東西が二〇～三〇度、南北が一〇～一五度くらいの広がりをもっています。地球の外側の微小天体の群れが日光を反射していると考えられ、その光は天の川より淡いため、観望には秋の夜半が適しています。

星野光《せいやこう》

星野
星野写真

いわゆる星明かりといわれる、夜のほのかな明かりのこと。たくさんの恒星が集まった光で、各等級のなかでもっとも星野光に寄与しているのは、およそ十一～十二等星です。また、星空のある一部分を**星野**《せいや》といい、それを撮影したものを**星野写真**《せいやしゃしん》といいます。(54)

夜光雲《やこううん》

高緯度地方で見られる雲。日没後、または日の出前にあらわれ、青みを帯びて白く輝きます。高層に浮かぶ微粒子のちりが太陽の光を反射したもの。

オーロラ

南北両極付近の上空にあらわれる発光現象。太陽からの帯電粒子が地球の磁力に引きつけられ、地上一〇〇キロ以上で発光します。太陽の活動にともなってあらわれ、形はカーテン状、帯状、弧状などさまざまで、色も赤色、青色、黄緑色などが多く見られます。オーロラは、ローマ神話の曙の女神の名から。

オーロラ

日周運動《にっしゅううんどう》

見かけ上の星の動きのことをいいます。地球は一日に一回自転しているため、夜空の星ぼしは地軸を中心に東から西へ、一日周期で回転するように見えます。そのため東西南北の空での星の軌跡は異なります。

東天の日周運動（上るオリオン）

北天の日周運動

西天の日周運動（沈むオリオン）

南天の日周運動（南中するオリオン）

薄明

夜明けの暁

暁《あかつき》

夜が明けようとするときで、やや明るくなったころをさします。古くは、今よりも暗いうちをさしたようです。暁は**明時**《あかとき》から転じたもので、夜を宵、夜中、明時の三つに分けたときの三番目にあたります。

ふりはれてこほれる雪の梢よりあかつき深き鳥の初声
（進子内親王《しんしないしんのう》）

妹《いも》を思ひ寐の寝られえぬに暁《あかとき》の朝霧隠《ごも》り雁がねそ鳴く
（万葉集　巻十五）

明時

暁降《あかときくだち》

夜が更けいって、明け方近くになることをいいます。**暁月夜**《あかときづくよ》はあかつきづきよのことで、有明けの月、または明け方近くの月の見える空の状態をさします。

月のない明け方のことを**暁闇**《あかときやみ》、またはあかつきやみといい、陰暦で毎月の十四日ごろまでの夜明け前をさします。

暁月夜いと面白ければ（土佐日記）

こよひの暁降鳴く鶴《たづ》の思ひは過ぎず恋こそまされ（万葉集　巻十）

暁月夜
暁闇

暁

暁降

朝未き《あさまだき》

夜の明けきらないころ。またたいていた星ぼしが日の出前のほのかな明かりで、少しずつ消えていく時分をいいます。

また、**朝朗《あさぼら》け**も同じように、空がうす明るくなる時分のことをいいます。「あさおぼろあけ」からきた言葉といわれます。

朝ぼらけ宇治の川霧たえだえにあらはれわたる瀬々《せぜ》の網代木《あじろぎ》(藤原定頼・千載集)

朝ぼらけ有明の月と見るまでに吉野の里にふれる白雪(坂上是則・古今集)

朝未き

朝朗け

有明け《ありあけ》

月がありながら夜が明けてくることで、十六夜以後の夜明けをさします。江戸後期の国語辞典である『和訓栞《わくんのしおり》』によれば、「ありあけ、有明の義、十六夜以下は夜は已に明くるに月はなほ入らである故に云ふなり」と記されています。明け方に残っている月を**有《あり》明《あ》け月《づき》**、**有《あり》明《あ》けの月《つき》**、**有《あり》明《あ》け月夜《づくよ》**、**朝月夜《あさづくよ》**、**残月《ざんげつ》**といい、月の残っている夜明けの時分を**有《あり》明《あ》け方《がた》**といいます。

冴《さ》えわびて覚むる枕に影見れば霜深き夜の有明の月(藤原俊成女)

有明や浅間の霧が膳をはふ(小林一茶)

花の木も緑にかすむ庭の面《も》にむらむら白き有り明けの月(雪玉集)

有明け月
有明けの月
有明け月夜
朝月夜
残月
有明け方

有明け

夜明け前

明けの明星《あけのみょうじょう》

夜明け前の東の空に見える金星のこと。**啓明**《あかぼし》ともいい、**明星**、または**赤星**とも書きます。明けきらないうちは人の区別がはっきりしないため、**彼**《か》**は誰星**《たれぼし》という呼び名もあります。

朝顔や明星澄める置きだらい（亀友）

啓明
明星
赤星
彼は誰星

明け初める《あけそめる》

夜がしらじら明けはじめること。同じような言葉に**曙**《あけぼの》、**朝明**《あさあ》**け**、**東雲**《しののめ》、**黎明**《れいめい》などがあります。

夜明けの太陽の光のことは**曙光**《しょこう》といい、**日**《ひ》**の出**《で》をさします。

吹きしをる四方《よも》の草木の裏葉見えて風に白める秋の曙（永福門院内侍・玉葉集）

人間はば見ずとやいはむ玉津島《たまつしま》かすむ入江の春のあけぼの（藤原為氏・続後撰集）

曙
朝明け
東雲
黎明
曙光
日の出

朝焼け《あさやけ》

夜明け前、東の空が赤くなる現象で、**暁紅**《ぎょうこう》ともいいます。

昔から朝焼けは雨といわれています。

暁紅

黎明

薄明《はくめい》

日の出前や日没後、空がうす明るくなることをいいます。太陽が地平線下にあるのに明るいのは、上層の大気や浮遊するちりによって光が散乱されるためですが、太陽が地平線下一八度になると、薄明はまったくなくなります。このときを**天文**《てんもん》**薄明**《はくめい》といいます。（58・59）

天文薄明

明け初める

3. 天の章

星時雨（ほししぐれ）

王子さまの星

星《ほし》

月をこそ眺め馴れしか星の夜の深きあはれを今宵知りぬる
（建礼門院右京太夫・玉葉集）

一般的には太陽、地球、月などをのぞいた天体をさしますが、広い意味ではすべての天体を含みます。星または星座をさす言葉に、**星辰**《せいしん》があります。星の種類には**恒星**《こうせい》、惑星、**衛星**《えいせい》、流星、彗星などがあります。

耳門《じもん》出でふるるばかりに冬の星（林千代子）

星辰
恒星
衛星

星座《せいざ》

恒星を神話の神、人物、動物、器などに見立てて**天球**《てんきゅう》を区分したもの。現在八十八星座が国際的に定められています。星座をあらわす言葉に**星宿**《せいしゅく》、**星**《ほし》**の宿**《やど》**り**などがあります。

天の原ふりさけ見れば七夕の星のやどりに霧立ちわたる
（経信集）

天球
星宿
星の宿り

銀河系《ぎんがけい》

太陽や多くの恒星などを含む大集団をいいます。凸レンズ状で渦巻き構造をもち、およそ二〇〇〇億個の恒星が集まっているといわれます。直径は一〇万光年で、太陽は銀河系の中心から二・八万光年のところに位置しています。

銀河系の外にあって、銀河系に匹敵する天体を**小宇宙**《しょううちゅう》、**島宇**《しまう》**宙**《ちゅう》、**銀河系外星雲**《ぎんがけいがいせいうん》、あるいは単に**銀河**《ぎんが》ともいいます。

小宇宙
島宇宙
銀河系外星雲
銀河

天のスクリーン

惑星《わくせい》

太陽のまわりを公転する星のことで、自らは光を出していません。太陽に近いほうから水星、金星、**地球**《ちきゅう》、火星、木星、土星、**天王星**《てんのうせい》、**海王星**《かいおうせい》の八個が知られています。**冥王星**《めいおうせい》は二〇〇六年まで太陽系第九惑星とされていましたが、同年の国際天文学連合（ＩＡＵ）の総会で準惑星に分類されました。惑星の名は、星空の中を惑うように位置を変えるところからついたといい、**遊星**《ゆうせい》ともいわれています。

地球
天王星
海王星
冥王星
遊星

五星《ごせい》

中国で古くから知られている、肉眼で見ることのできる五つの惑星のことです。水星を**辰星**《しんせい》、金星を**太白**《たいはく》、火星を**熒惑**《けいこく》、木星を**歳星**《さいせい》、土星を**鎮星**《ちんせい》といいます。

五惑星の木・火・土・金・水は、中国で古来説かれてきた五行に基づいています。これに日・月を加えたものを**七曜**《しちよう》といい、さらに、日月の光を覆って食を起こすという**羅睺**《らご》、それに、忽然《こつぜん》とあらわれて人びとを脅かす**計都**《けいと》という想像上の星を加えて**九曜**《くよう》といいます。

辰星
太白
熒惑
歳星
鎮星
七曜
羅睺
計都
九曜

水星《すいせい》

太陽にもっとも近い惑星で、大きさは地球の〇・三八倍しかありません。日没直後の西の空、または日の出直前の東の空に見えます。一番明るいときの平均の光度はマイナス二・四等ですが、つねに太陽の近くにいるため見るチャンスは多くありません。五行では北方に当たります。辰星の名は「水星は日とともにす。辰その位にあり」で、日光に隠れがちなところからついたといいます。

水星

金星《きんせい》

地球のすぐ内側をまわる惑星です。直径は地球よりわずかに小さく、表面は厚い雲に覆われています。太陽の光を効率よく反射するため、平均の極大光度はマイナス四・七等にもなります。

夕方西の空に見えるときを宵の明星、明け方東の空に見えるときを明けの明星と呼びます。金星の名は、五行の西方の色からついたといいます。

金星は目につくため、各地におもしろい呼び名が残っています。夕方に見えるとき、鹿児島では子守をするとき見える星という意味で、**もんりーぼし**（守り星）、沖縄では**ユーバナブシ**（夕飯星）といい、明け方に見える金星を、静岡では**飯炊**《めした》**き星**《ぼし》とか**大臣星**《だいじんぼし》などと呼んでいます。また青森では、朝夕の別なく**烏賊星**《いかぼし》といえば金星をさします。

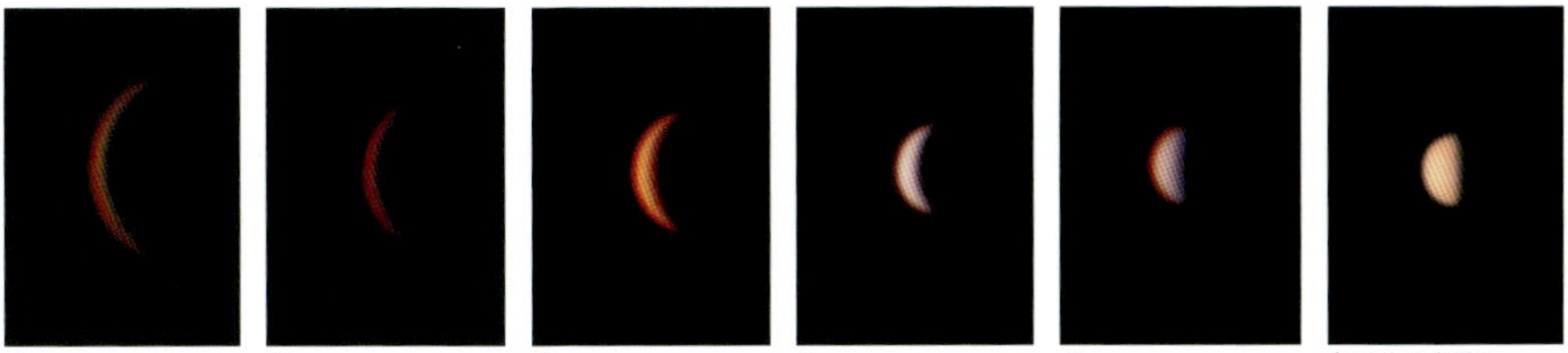

欠けゆく金星1　2　3　4　5　6

昼の星《ひるのほし》

光輝鋭い金星のこと。位置さえわかっていれば、昼間でも見ることができます。

舞ひあがる雲雀《ひばり》やいづこ昼の星（馬場存義《ぞんぎ》）

ひるもなお星見る人の眼にも似るさびしきつかれ早春のたび（宮沢賢治）

小游星《しょうゆうせい》

金星の衛星（月）のこと。もちろん金星には月はありませんが、文政六年に出版された草野養準の『遠西観象図説』には、「又別ニ小游星アリテコレヲ旋回ス」とあって、金星の月のことが記されています。

十八世紀末まではその存在を信じた天文学者は多く、直径は金星の四分の一、公転周期は二日五時間一三分、金星からの平均距離は二三万五〇〇〇マイルと計算しています。

もんりーぼし　ユーバナブシ
飯炊き星　大臣星　烏賊星

金星

火星《かせい》

地球のすぐ外側をまわる惑星で、金星に次いで地球に近づきます。地球の約半分の大きさで、二個の衛星をもっています。不気味なほど赤い色をして人を惑わせるところから、江戸時代の辞書『和爾雅《わじが》』に熒惑（**ほのおぼし**）、江戸時代の百科辞典、『和漢三才図絵』には**わざわい星《ぼし》**と記されています。五行では南方に当たります。

ほのおぼし
わざわい星

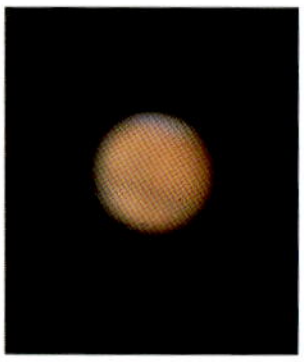
火星

牡牛座を行く火星

夏日星《なつひぼし》

火星の和名。『梁塵秘抄口伝集《りょうじんひしょうくでんしゅう》』によると、「用明天皇（在位五八五～五八七）のころ、難波に土師連《はじのむらじ》という唱歌の名人がいた。ある夜、妙なる声で歌い始めると、屋根の上から、それに合わせて歌うものがあった。驚いて外に飛び出してみると、童子の姿をした夏日星の精だった。土師連が追いかけると、住吉の浦に走り出て海に入ってみえなくなった」とあります。これは熒惑が、土師連の歌を愛でて人の姿になって歌ったもので、『聖徳太子伝暦』などにも記されています。

西郷星《さいごうぼし》

明治の一時期に呼ばれた火星の異称。明治十年（一八七七）、西郷隆盛は西南戦争を起こし、政府軍相手に半年あまりにわたって九州を転戦したが力つき、九月二十四日城山で自決しました。実はこの年の九月三日に火星が地球に最接近し、マイナス二・五等の明るさで夜空に不気味に輝いていました。このことから「西郷が死んで星になった」と、当時の絵入り新聞や錦絵に記され、以来、西郷星といえば火星をさすようになったのです。なおこの年は、火星の近くに土星が〇・五等で光り、十一月には二つの星の間隔が〇度一一分とくっつくように並びました。そこで土星を**桐野星《きりのぼし》**と呼びました。桐野とは、薩摩士族の桐野利秋をさします。

桐野星

小惑星《しょうわくせい》

太陽のまわりをまわる小天体で、おもに火星と木星の軌道の間にあります。二〇一〇年一月現在で軌道が確定して、番号がつけられている小惑星の数は二二万九九一四個（準惑星五個を含む）あります。

木星《もくせい》

火星の外側をまわる太陽系最大の惑星で、直径は地球のおよそ一一倍あります。平均の極大光度はマイナス二・八等で、衛星は五二個知られています。歳星と呼ばれるのは、太陽のまわりを一二年で一周し、一年におよそ一星座ごと移動していくため。五行では東方に当たります。

限りなく久しかる可《べ》き歳《とし》の星君がためとてそふ光かな(宗時朝臣)

土星《どせい》

木星の外側をまわる惑星で、輪をもっています。木星に次いで大きく、衛星は三〇個知られています。平均密度は水より軽いため、土星が入れるようなプールがあれば浮いてしまいます。平均の極大光度はマイナス〇・五等で、五惑星のなかでは光が暗く、動きも緩慢です。鎮定する意味から鎮星と呼ばれています。

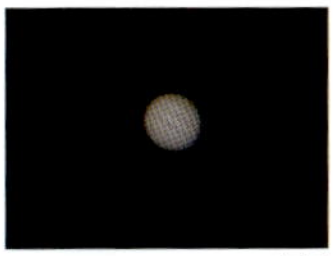
木星

沈む獅子座と木星

たてに並ぶ三惑星（上から土星、木星、火星）

土星

大火球

星の嫁入り

彗星《すいせい》

輪郭のぼんやりしたガス状の天体で、太陽の引力のもとに運動しています。本体は汚れた氷で、太陽に近づくと長い尾を引くものがあります。尾のある彗星は竹ぼうきに似ているところから、**箒星**《ほうきぼし》と呼ばれています。

彗星は、おどろおどろしい姿でとつぜんあらわれるところから、昔は不吉の前兆として恐れられ、**妖星**《ようせい》とも呼ばれました。平安時代には彗星の出現で年号を四回も改め、鎌倉時代の土御門《つちみかど》天皇の譲位は、彗星の出現によると伝えられています。

そのほかの彗星の呼び名には、天が穢《けが》れを掃くという意味で**掃星**《ははきぼし》、その形から**鉾星**《ほこぼし》、**穂垂れ星**《ほたればし》、**扇星**《あふぎぼし》などというのがあります。

箒星
妖星
掃星
鉾星
穂垂れ星
扇星

流星《りゅうせい》

惑星空間にただよう微小な**宇宙塵**《うちゅうじん》が地球に引き寄せられ、大気との摩擦で発光したものをいいます。発光するときの高さは一〇〇～一三〇キロ、消滅のときは八〇キロぐらいで、平均速度は毎秒五〇キロといわれています。

とくに明るい流星を**火球**《かきゅう》といい、大きなものは地上に落下して**隕石**《いんせき》、または**隕鉄**《いんてつ》と呼ばれます。

流星の和名には**流れ星**《ながればし》や**夜這星**《よばいぼし》のほかに、**走り星**《はしりぼし》、**飛び星**《とびぼし》、**落ち星**《おちぼし》、**星の嫁入り**《ほしのよめいり》、**縁切り星**《えんきりぼし》など、おもしろいものが各地に残っています。

流星が消えないうちに、願いごとを三度唱えるとかなうと、昔からいわれています。唱えは地方によっていろいろです。

流星の方言、たとえば**抜け星**《ぬけぼし》と唱えると幸福になれる（岡山）とか、運針のまねをすると裁縫が上手になる（福井）、というように、願いを動作で示すものもあります。北原白秋の『星に関する伝承童謡』には唱えごととして、色白、髪黒、髪長（福岡）、土一升、金一升（宮城）などが記されています。

星のとぶもの音もなし芋の上（阿波野青畝《あわのせいほ》）
夜這星名を知る山の槍ヶ岳（榎本好宏《よしひろ》）

宇宙塵
火球　隕石　隕鉄　流れ星
夜這星　走り星　飛び星　落ち星
星の嫁入り　縁切り星
抜け星

ウエスト彗星

星影

星屑

星影《ほしかげ》

星の光、または**星**《ほし》**明**《あ》**かり**をいいます。空気の澄んだ山奥では、木立ちなどが黒々とシルエットになって浮かび上がるほど、星の光が強く感じられます。

曇りなく治まるみ代を人もみな見るとていづる星の影かな（李能）

星明かり

星空《ほしぞら》

晴れて星が見えている空のことで、夜空に散らばっている無数の微光星を**星屑**《ほしくず》といいます。星屑は英語で**スターダスト**です。

星屑　スターダスト

一番星《いちばんぼし》

夕方、一番初めに見える星のこと。太陽、月をのぞけばマイナス四等級の金星がもっとも明るい（一等星の一〇〇倍明るい）ので、夕方西の空に見えるときは必ず一番星になります。

一番星

満天の星

煌星《きらぼし》

美しく輝く無数の星のこと。

今度の早打に上り集まる兵《つはもの》、煌星の如く並み居たり（謡曲　鉢の木）

糠星《ぬかぼし》

夜空に、糠のように細かく散らばっているたくさんの小さな星のこと。

糠星の影となる身を起伏して（小林一茶）

満天の星《まんてんのほし》

空一面にすきまなく光る星のことで、降るような星空のことをいいます。植物では、ツツジ科の落葉灌木を**満天星**《どうだん》と書きます。

竹馬の友、セリヌンティウスは、深夜、王城に召された。暴君ディオニスの面前で、佳き友と佳き友は、二年ぶりで相逢うた。……セリヌンティウスは、縄打たれた。メロスは、すぐに出発した。初夏、満天の星である（太宰治／走れメロス）

満天星

星の林《ほしのはやし》

星がたくさん集まっているのを、林にたとえたものです。

天の海に雲の波立ち月の船星の林に漕ぎ隠る見ゆ(万葉集　巻七)

星の紛れ《ほしのまぎれ》

星の光のおぼろなことをいいます。とくに春の宵など、切れ切れに淡い雲が流れていると、星の光がはっきりしません。

星の紛に雲ぞ分るる(拾遺愚草《しゅういぐそう》員外)

星の林

星のささやき《ほしのささやき》

東シベリアでは、厳冬期、氷点下五〇度に下がることがあります。大気中の水分は結晶となって霧氷が発生しますが、人の吐く息さえも凍ってしまいます。そのときかすかな音がするそうです。これを星のささやき、といっています。

一方、北海道の幌加内では、**ダイヤモンドダスト**のことを**天使《てんし》のささやき**、と呼んでいます。

ダイヤモンドダスト　天使のささやき

星の紛れ

天の川《あまのがわ》

微光の星が天球を一周して、淡く光る川のように見えるところから天の川と呼ばれています。銀河系の内部にいる私たちからは、銀河系の星がこのように見えます。

古代の人は天の川を空に流れる川と考えました。たとえば、エジプトではナイル川が天の川に続いていると考え、**天《てん》のナイル**と呼んでいました。同じように、バビロニアでは**天《てん》のユーフラテス**、インドでは**天《てん》のガンジス**に結びつけていました。また中国では、**銀河《ぎんが》**とか**銀漢《ぎんかん》**と呼んでいます。

一方、天の川を天の道と考えた民族も多くいました。たとえば、死んだ人の魂が天国へ行く道だと考え、アメリカインディアンは**魂《たましい》の道《みち》**、スウェーデンでは**冬《ふゆ》の道《みち》**と呼んでいます。英語では**ミルキー・ウェイ**（乳の道）といいますが、これはヘラクレスが赤ん坊のとき、女神ヘラの乳房をあまり強く吸ったため、乳がほとばしって空にかかり、天の川になったというギリシア神話に基づいています。

打ちたゝく駒のかしらや天の川（向井去来）
美しや障子の穴の天の川（小林一茶）
天の河浮津の波音騒くなりわが待つ君し船出すらしも（万葉集　巻八）

天のナイル　天のユーフラテス　天のガンジス　銀河　銀漢　魂の道　冬の道　ミルキー・ウェイ

夏の天の川

南天の天の川

冬の天の川

星祭り《ほしまつり》

密教で招福、厄除けのために、当人の生年にあたる本命星《ほんみょうしょう》と当年星を祭り供養するもので、**星供**《ほしく》ともいいます。また、七夕祭をさすこともあります。

夕顔も寝る約束ぞ星祭(千代)

星供

星合い

七夕《たなばた》

五節句の一つ。**織女星**《しょくじょせい》と**牽牛星**《けんぎゅうせい》が年に一度逢うという七月七日の夜、星を祭る年中行事をいいます。中国の乞巧奠《きこうでん》と、日本の**たなばたつめ**の信仰が習合したものといいます。

日本には奈良時代に宮中の儀式として伝わり、江戸時代に民間に広がりました。五色の短冊に歌や字を書いて青竹に飾りつけ、書道や裁縫の上達を祈ります。

七夕や秋を定むる初めの夜(松尾芭蕉)

織女星　牽牛星　たなばたつめ

星の船《ほしのふね》

織女と牽牛が乗る天の川の船をいいます。

伝説では、七月七日に二人が逢うのですが、雨が降れば天の川は水かさを増し、織女は牽牛のもとへ行くことができません。この夜は上弦の月ですが、月の船人はつれなく、織女を乗せてくれません。織女が悲しんでいると、かささぎの群れが飛んできて、翼を広げて橋をつくり、織女を向こう岸に渡してやるのだといいます。

なお、**星合い**《ほしあ》は織女と牽牛の出会い、**星**《ほし》**の契**《ちぎ》**り**は織女と牽牛の契り、そして**星**《ほし》**の別**《わか》**れ**は織女と牽牛の別れをいいます。

肌寒きはじめや星の別れより(中川乙由《おつゆう》)

星合い　星の契り　星の別れ

織女と牽牛

星の位《ほしのくらい》

平安時代以後、清涼殿の南面の殿上の間に入ることを許された人、あるいは宮中に列する公卿や殿上人のことをいいます。一方江戸時代、大坂新町の遊女をさして、**月の位**《つきのくらい》と称したといいます。

大空に正しき星の位もて治れる世の程を知るかな
（花山院師兼）

月の位

妖霊星《ようれぼし》

天王寺のや、妖霊星《ようれいぼし》を見ばやとぞ囃しける
（太平記　巻五）

あやしい星のことですが、弱法師《よろぼし》の当て字といわれます。

弱法師はよろよろした法師のことで、観世元雅作の能の一つになっています。讒言《ざんげん》により、わが子俊徳丸を追い出した高安通俊は、天王寺で功徳のため僧や貧しい人に施しをし、目が不自由な弱法師となった俊徳丸と再会する話です。

日食《にっしょく》

地球から見て、月が太陽を覆い隠す現象をいいます。太陽が完全に隠れる**皆既日食**《かいきにっしょく》、太陽の縁が輪のように残る**金環食**《きんかんしょく》、太陽の一部分が隠れる**部分日食**《ぶぶんにっしょく》があります。

皆既日食　金環食　部分日食

欠けながら沈む太陽

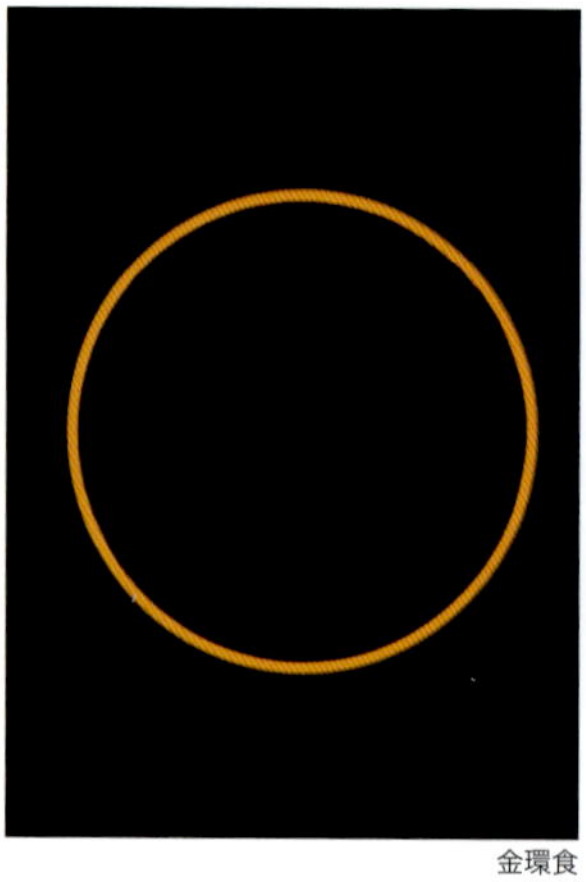
金環食

皆既日食

二十八宿《にじゅうはっしゅく》

中国で、黄道付近の天球を二十八に分けた星宿（星座のこと）をいいます。

二十八に分けたのは、月が恒星に対して天を一周するのに二七・三日かかり、およそ一日に一宿ずつ、月が西から東へ宿をかえていくことを表現したものといわれます。各宿には、**距星**《きょせい》という基準となる星が定められています。

中国では、東を**青竜**《せいりょう》、西を**白虎**《びゃっこ》、南を**朱雀**《すざく》、北を**玄武**《げんぶ》の**四神**《しじん》に分け、さらにそれぞれを七分しています。

距星
青竜
白虎
朱雀
玄武
四神

五星二十八宿神形図（大阪市立美術館蔵）より

二十八宿一覧

東方七宿

宿名	音読み	訓読み
角	かく	すぼし
亢	こう	あみぼし
氐	てい	ともぼし
房	ぼう	そいぼし
心	しん	なかごぼし
尾	び	あしたれぼし
箕	き	みぼし

西方七宿

宿名	音読み	訓読み
奎	けい	とかきぼし
婁	ろう	たたらぼし
胃	い	えきえぼし
昴	ぼう	すばるぼし
畢	ひつ	あめふりぼし
觜	し	とろきぼし
参	しん	からすきぼし

北方七宿

宿名	音読み	訓読み
斗	と	ひつきぼし
牛	ぎゅう	いなみぼし
女	じょ	うるきぼし
虚	きょ	とみてぼし
危	き	うみやめぼし
室	しつ	はついぼし
壁	へき	なまめぼし

南方七宿

宿名	音読み	訓読み
井	せい	ちちりぼし
鬼	き	たまおのほし
柳	りゅう	ぬりこぼし
星	せい	ほとおりぼし
張	ちょう	ちりこぼし
翼	よく	たすきぼし
軫	しん	みつかけぼし

黄道《こうどう》

地球は太陽のまわりを公転していますが、地球からは太陽が天球上を西から東に向かって、一年かかって一周しているようにみえます。この見かけの太陽の通り道を、黄道といいます。

黄道十二宮《こうどうじゅうにきゅう》

黄道帯《こうどうたい》を、春分点から黄道にそって三〇度ずつ十二等分したものをいいます。各宮を通る太陽を観測して、暦や季節を知るのに役立てました。

―黄道帯

黄道十二宮と黄道十二星座

宮名	読み	記号	春分点からの角度	星座名	読み	現在の春分点からの角度	掲載頁
白羊宮	はくようきゅう	♈	0度～30度	牡羊座	おひつじざ	26度～50度	152
金牛宮	きんぎゅうきゅう	♉	30度～60度	牡牛座	おうしざ	50度～82度	162
双子宮	そうしきゅう	♊	60度～90度	双子座	ふたござ	82度～116度	103
巨蟹宮	きょかいきゅう	♋	90度～120度	蟹座	かにざ	116度～136度	106
獅子宮	ししきゅう	♌	120度～150度	獅子座	ししざ	136度～172度	90
処女宮	しょじょきゅう	♍	150度～180度	乙女座	おとめざ	172度～215度	100
天秤宮	てんびんきゅう	♎	180度～210度	天秤座	てんびんざ	215度～235度	108
天蝎宮	てんかつきゅう	♏	210度～240度	蠍座	さそりざ	235度～262度	121
人馬宮	じんばきゅう	♐	240度～270度	射手座	いてざ	262度～295度	138
磨羯宮	まかつきゅう	♑	270度～300度	山羊座	やぎざ	295度～320度	143
宝瓶宮	ほうへいきゅう	♒	300度～330度	水瓶座	みずがめざ	320度～352度	144
双魚宮	そうぎょきゅう	♓	330度～360度	魚座	うおざ	352度～26度	145

黄道星座《こうどうせいざ》

黄道帯にある星座をいいます。黄道十二宮と同じように、古くから十二星座が重要視されてきました。

しかし現在は、歳差という地球の首振り運動のため春分点が西に移行し、ほぼ一宮ずれてしまいました。そのため、春分点のあった白羊宮は牡羊座ではなく、魚座になっています。黄道十二星座は、次のような歌にすると覚えやすくなります。

おひつじ、おうし、その次に、並ぶはふたご、かにの宿、狂えるししと、おとめ子に、傾くてんびん、這うさそり、弓もついてに、やぎ叫び、みずがめの水に、うおぞすむ。

なお、黄道十二星座に含まれていませんが、黄道が通っている星座に蛇遣《へびつかい》座《ざ》があります。

獣帯《じゅうたい》

黄道帯には動物の星座が多くあるところから、この名で呼ばれるようになりました。黄道を中心にして南北八度ずつの範囲をいい、太陽・月・惑星はこの中を移行し、はみ出ることはありません。古代バビロニアやエジプトなどでは、これを十二に等分しました。

UFO《ユーフォー》

空飛ぶ円盤と混同されていますが、本来は未確認飛行物体のことをいいます。

一九四七年、アメリカの実業家ケネス・アーノルドは、ワシントン州カスケード山脈上空を自家用機で飛行中、直径一五メートルほどの皿型の物体九個を目撃しました。その物体はこの世のものとは思えないスピードで飛び去ったといい、フライング・ソーサ（空飛ぶ円盤）と名づけられました。

一方、アメリカ空軍は、一九五二年に未確認のあらゆる飛行物体を、UNIDENTIFIED　FLYING　OBJECTの頭文字をとって、UFOと呼ぶことにしました。正体がわからなければ、鳥でも飛行機でも未確認飛行物体ですが、いつの間にかUFOイコール、空飛ぶ円盤になってしまいました。ユーエフオーとも。

星占い《ほしうらない》

星の位置や運行を基準にして運勢や吉凶を占うことで、**占星術**《せんせいじゅつ》ともいいます。昔は、惑星の動きが神秘的で説明が困難だったため、国家や王家、のちには個人の運命に関係があるように思われ、星占いに結びつきました。

占星術

夜間飛行

春の星空

4月初旬　23時
4月中旬　22時
5月初旬　21時
5月中旬　20時

★星のスペクトル
- O型とB型
- A型とF型
- G型
- K型
- M型

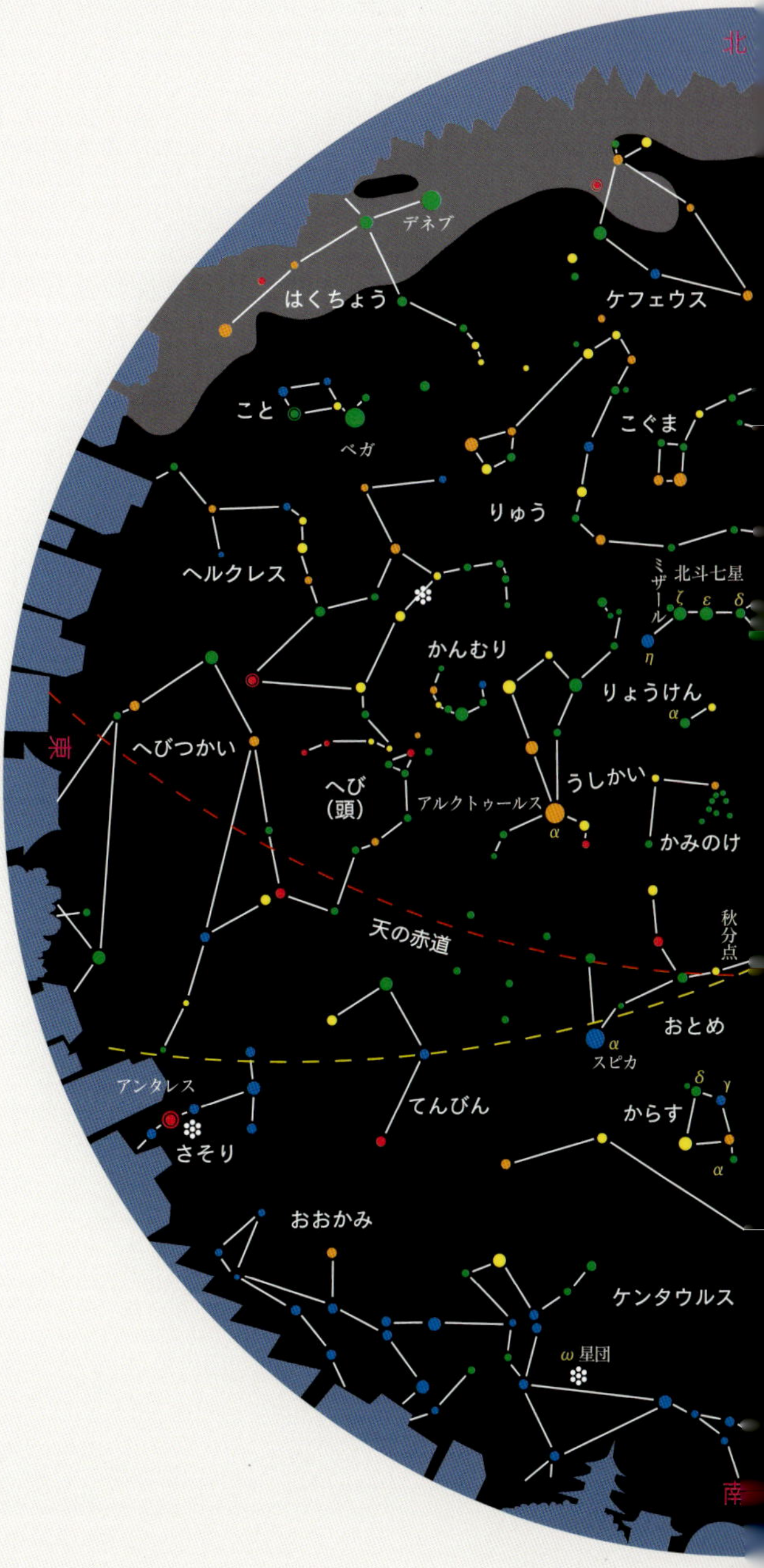

● 1等星以上
● 2等星
● 3等星
● 4等星
● 5等星
◉ 変光星
❁ 星雲・星団

大熊座

大熊座《おおぐまざ》

北の空をまわる大きな星座。五月上旬の夜八時ごろ、北極星の上で熊が逆様になって見えます。

ひしゃくの形をした北斗七星は古くから熊の姿や車に見られ、古代バビロニアでは「大きい車」、ギリシアの詩人ホメロスは、『イリアス』と『オデュッセイア』のなかで「車とも呼ばれる熊」と記しています。そのほかエジプトでは「オシリスの車」、イギリスでは「アーサー王の車」とか「チャールズの車」、北アメリカのインディアンは「熊」、中国では皇帝が乗る車に見立て、「帝車」と呼びました。

神話によると、ゼウスに愛されたカリストというニンフ（妖精）が、ゼウスの后へラの嫉妬によって熊に変えられた姿といいます。

わが一張羅の半ズボンにゃでかい穴があいていた。空想好きなちび、このおれは韻をひねくりながら歩いていた。わが宿は大熊星座。大熊座の星々はやさしくささやき、さざめいていた（ランボー／わが放浪〈中原中也訳〉）

北斗七星《ほくとしちせい》

大熊座の一部分で、熊の腰からしっぽにあたる星の並びをいいます。射手座の南斗六星に対して名づけられた中国名で、推古時代に陰陽道、天文暦術とともに百済から伝わりました。

ひしゃくのマスの先のβ星からα星を結び、そのまま、その長さの五倍延ばしたところに北極星があります。

ひしゃくのマスの四星を**斗魁**《とかい》、柄の三星を**斗柄**《とへい》といい、個々の星はマスの先から順にα星を**貪狼**《とんろう》、β星を**巨門**《こもん》、γ星を**禄存**《ろくそん》、δ星を**文曲**《もんごく》、ε星を**廉貞**《れんちょう》、ζ星を**武曲**《むごく》、η星を**破軍**《はぐん》と名づけられています。

一方アラビアでは、α星を**ドウベー**（熊の背）、β星を**メラク**（腰）、γ星を**フェクダ**（太股）、δ星を**メグレズ**（尾のつけ根）、ε星を**アリオト**（意味不明）、ζ星を**ミザール**（帯）、η星を**ベナトナシュ**（泣き女の長）といいます。（88）

声澄みて北斗にひびく砧《きぬた》かな（松尾芭蕉）
咲梅や南枝北斗の星の影（野々口《ののぐち》 立圃《りゅうほ》）

斗魁　斗柄
貪狼　巨門　禄存　文曲　廉貞　武曲　破軍
ドウベー　メラク　フェクダ　メグレズ
アリオト　ミザール　ベナトナシュ

柄杓星《ひしゃくぼし》

北斗七星の和名で、七つの星の形を素朴に言い表しています。そのほか**柄杓の星**《ひしゃくのほし》、**杓の柄**《しゃくのえ》、**杓子星**《しゃくしぼし》、**桝星**《ますぼし》、**酒桝**《さかます》などの名で各地で呼ばれています。

柄杓の星　杓の柄
杓子星　桝星　酒桝

北極星を探す

北斗七星

七曜の星《しちようのほし》

日・月・五惑星（火星・水星・木星・金星・土星）から出た、陰陽道・仏教による北斗七星の別名です。

江戸中期の老中、田沼意次《たぬまおきつぐ》の家紋は七曜でした。彼は、志が厚いか薄いかは贈り物の多少ではっきりする、という賄賂哲学をもち、子の意知《おきとも》とともに政権をほしいままにしましたが、家斉《いえなり》が第十一代将軍になると失脚しました。そのとき巷では、「金とって　まつる北斗の七つ星　わが身の罪のあたる剣先」という、諷刺の戯歌《ざれうた》があらわれたといいます。

四三の星《しそうのほし》

七つの星をサイコロの目に見立て、マスの四星と柄の三星に分けた北斗七星の和名です。オリオン座をさすこともあります。

空さへ曇りたれば四三も見えず、　唯長夜の闇に迷ひける(義経記)

七つ星《ななつぼし》

君が代は七つの星のためしにて移らぬ程を空に知るかな
（衣笠内大臣）

これも北斗七星の和名で、オリオン座の「三つ星」、すばるの「六連星《むつらぼし》」のように、七つ星が並んでいるところからついたものです。

小唄の『松の葉』に、「星になりたや七夜の星に、橋は紅葉の色深く、懸けて願ひの絲の縁」と唄われているように、**七夜の星《ななよのほし》**の呼び名もあります。

夜や寒き七つの星のすむかたもむかへる我も衣うつなり
（和漢朗詠集《わかんろうえいしゅう》）

七夜の星

七つ星の動き

舵星《かじぼし》

北斗七星の七つの星を、和船のかじに見立てた呼び名です。また、ひしゃくのマスの先のα星とβ星を除いた五つ星を船の形に見立てた、**船星《ふなぼし》**の呼び名もあります。沖縄では**フニブシ**、**ウフナーブシ**と呼ばれています。

船星　フニブシ
ウフナーブシ

破軍星《はぐんせい》

北斗七星の七番目のη星の呼び名。柄の先端にあるところから、陰陽道では剣先に見立て、その方角を万事に凶として避けました。北斗七星全体を**七星剣《しちじょうけん》**といい、この星を**剣先星《けんさきぼし》**ともいいます。

中国では、この星に向かって軍を進めると、戦に敗れると伝えられています。

一方アラビア名は、ベナトナシュ（泣き女の長）という妙な名がついています。ひしゃくのマスを柩《ひつぎ》に見立て、柄の三つの星が柩のまわりで泣きわめく女たちにあたります。η星はそのリーダーというわけです。

鑓梅《やりうめ》の枝や剣さきのあまつ星(安原貞室《やすはらていしつ》)

七星剣　剣先星

アルコル

北斗七星のζ星ミザール（二等星）に、くっつくように見えるg星（四等星）のアラビア名。アラビア語のアル・カワール（微かなもの）が語源といいます。またアラビアでは、古くからこの星が視力検査に用いられたところから、**アル・サダク**（テスト）とも呼ばれました。春分の日に家族そろってこの星を見ると、さそりや蛇の禍から逃れられるといい伝えられています。

アル・サダク

ミザールとアルコル

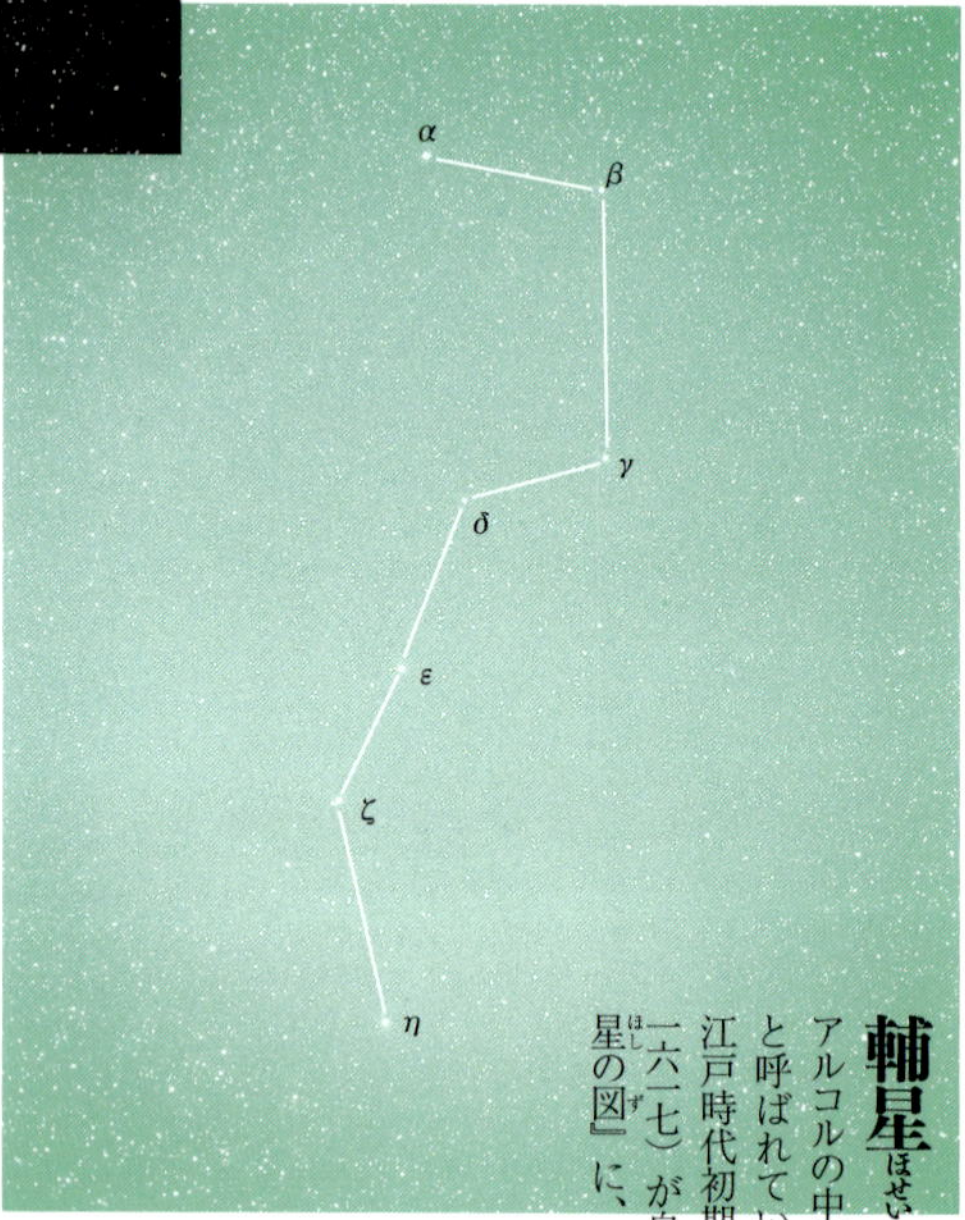

輔星《ほせい》

アルコルの中国名で、日本では**そえぼし**と呼ばれています。安土桃山時代から江戸時代初期の後陽成《ごようぜい》天皇（一五七一〜一六一七）が自ら描いたという、『御宸翰《ごしんかん》星《ほし》の図《ず》』に、ソヘボシの名が見られます。

そえぼし

四十暮れ《しじゅうぐれ》

アルコルの和名です。四十歳を過ぎると視力が落ち、ミザールとアルコルの見分けがつかなくなるところからこの名がつきました。蠍座のμ星、ν星も同じ名で呼ばれています。

獅子座《ししざ》

一等星レグルスを含む黄道第五番目の星座で、四月下旬の夜八時ごろ南の空高く見えます。裏返しのクエスチョンマークの星列が目印で、古代バビロニアでは大きな犬の姿に見られ、ウル・グルラと呼ばれました。獅子の姿に見られるようになったのは、後期バビロニアからといいます。神話によるとこの獅子は、ネメアの森にすむ人食いライオンで、怪力ヘラクレスに退治されたといいます。

糸かけ星《いとかけぼし》

嘆く心は曇れども、曇らぬ空の星月夜、あらまほしやという星も、年に一度の契りぞや。たとえば雲の上とても、天の河原を隔てなば、人のつらさに変らじな。糸かけ星のほそぼそと、付き添い星や妬むらん

紀海音《きのかいおん》といえば、竹本座の近松門左衛門に対抗した江戸中期の浄瑠璃作家として知られています。近松の『心中宵庚申《よいこうしん》』の向こうを張って、豊竹座で『心中ふたつ腹帯』を興行し、大当たりしたといいます。紀海音が『道行星の数』に書いたのが、冒頭の星づくしです。ここに記されている糸かけ星は、獅子座全体を糸繰車《いとくりぐるま》に見立てたものです。

上る獅子座

糸かけ星

軒轅

獅子の大鎌《ししのおおがま》

獅子の頭部を形づくる六つの星列をいいます。クエスチョンマークを裏返しにしたような形をしており、草刈り鎌のように見えるところから呼ばれています。
獅子の大鎌を英語で**ライオンズ・シックル**といい、**ザ・シックル**といえば獅子座をさします。

ライオンズ・シックル
ザ・シックル

軒轅《けんえん》

獅子の大鎌と、その北に連なる星の並びをいいます。

軒轅とは古代中国の黄帝の異名で、長く並んだ星列を竜の背にまたがる黄帝に見立てたものです。竜が天に舞い上がろうとすると、家臣たちは先をあらそって竜のひげにつかまりました。けれども、大勢ぶら下がりすぎたため竜のひげは抜け、家臣たちは大地に落ちてしまいました。竜はなおも昇り続け、天に昇った軒轅は星になったといいます。

樋掛け星《といかけぼし》

獅子の大鎌が、雨樋を支える金具に見えるところからついた和名です。岐阜県揖斐《いび》地方や京都府の舞鶴市あたりで呼ばれています。

獅子の大鎌と酒星

酒星《さかぼし》

おぼろ夜には見つけにくいのですが、獅子の大鎌の柄のすぐ西に微かな星が三つ、たて一文字に並んでいます。これを酒屋の旗に見立てて酒星と呼んでいます。

酒星を見に出て蛙聞く夜かな（加舎白雄《かやしらお》）

レグルス

獅子座α星につけられた固有名で、小さい王という意味があります。ラテン語のレックス（王）からきた言葉で、地動説で有名なコペルニクスが名づけました。

レグルスは黄道上に位置するただ一つの一等星で、古くはギリシアでバシリスコス（王者らしきもの）といわれ、のちにアラビア名でアル・マリキ（王の星）と呼ばれました。また別名を、その位置から**コル・レオニス**（獅子の心臓）ともいいます。

コル・レオニス

獅子座と小獅子座

レグルス

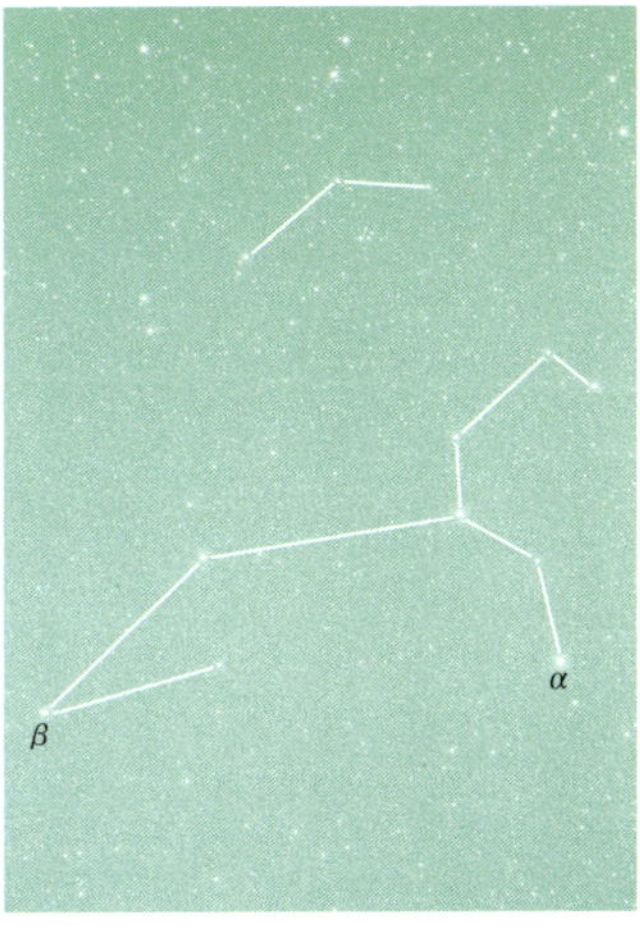

デネボラ

獅子座β星につけられた固有名で、アラビア語のアル・ダナブ・アル・アサド（獅子の尾）が語源といいます。

獅子座流星群《ししざりゅうせいぐん》

毎年十一月十七日前後を頂点としてあらわれる流星群で、**レオニズ**とも呼ばれます。一時間あたり平均一〇個の流星が飛びますが、圧巻は三三年ごとに見せる**流《りゅう》星《せい》雨《う》**です。

とくに一八三三年のときは、アメリカ・ノースカロライナ州の農場で、一晩に二四万個の流星が飛び、「世界が火事だ」「まるで雪が降っているようだ」「世界の終わりだ」と口々に叫んだといいます。

獅子座の流星群だ!!　十一月という天の花火師が手にいっぱいに金の穀粒をつかんで夜の中に投げる……そうだ、あれは一星座の破片だ。破壊された一世界、——獅子座の勇ましい塵だ〈ロマン・ロラン／獅子座流星群〈片山敏彦訳〉〉

レオニズ　流星雨

烏座《からすざ》

五月下旬の夜八時ごろ南中する星座で、いびつな四辺形を描いています。神話によると、この烏はアポロンの使いで、翼は銀色に輝き、人の言葉が話せたといいます。しかし、嘘をついた報いで翼は黒くなり、ただ、カーカーと鳴くだけになったそうです。

四つ星《よつぼし》

烏座の和名で、四つの星がゆがんだ台形を描くところから呼ばれています。そのほかにも、その形から**四星**《しぼし》、**台碓星**《だいがらぼし》、**枕星**《まくらぼし》、**鞍掛け星**《くらかけぼし》、**袴星**《はかまぼし》などの呼び名もあります。

四星　台碓星
枕星　鞍掛け星
袴星

烏座

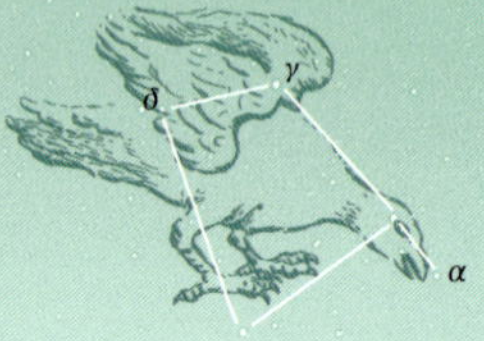

烏座と南十字星

皮張り星《かわはりぼし》

東京の奥多摩地方に残る烏座の和名です。捕らえたむじなの皮をはぎ、四隅に釘を打ちつけて乾燥させた姿に見立てました。

スパイカズ・スパンカー

軫宿《しんしゅく》

烏座の中国名で、二十八宿の一つ。軫は車の後部についている横木のことをいいます。

アルキバ

烏座α星につけられた固有名で、アラビア語のアルキバ（テント）が語源といいます。四つの星を砂漠に張ったテントに見立てたものです。

帆かけ星

スパイカズ・スパンカー

烏座の四つの星は、大きな帆船の帆の形をしています。英語でスパンカーといい、帆の上の二つの星（γ星からδ星）を結びそのまま延長すると、乙女座の一等星スピカ（スパイカ）にとどきます。イギリスではそれを、スパイカズ・スパンカーといっています。

日本では、石川県能登地方に**帆《ほ》かけ星《ぼし》**の名が残っています。

……私は西へつづいているこの広い路を南に折れた時、正面に小さな帆の形に見える星座を指して、それは烏座であると教えた時、まあ可哀想にといって彼女は声を立てて笑った（稲垣足穂／山風蠱）

早春の宵

牛飼座

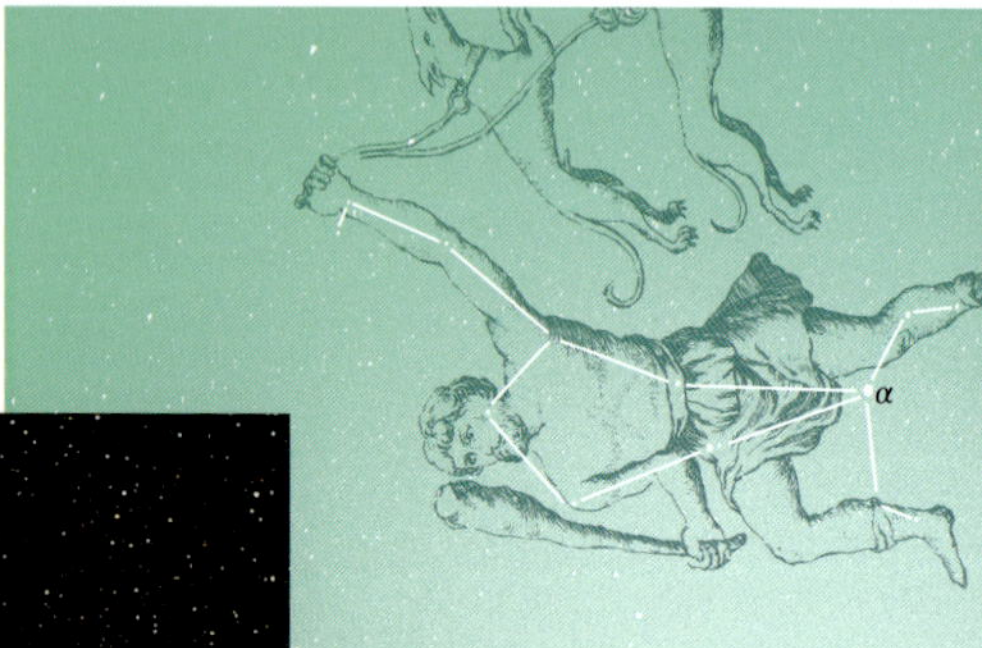

牛飼座《うしかいざ》

アルクトゥールスを含む熨斗《のし》形をした星座で、六月下旬の夜八時ごろほぼ頭の真上に見えます。牛飼いの正体ははっきりはしませんが、一説では、母の変身した姿とは知らずに、大熊をかりたてている息子のアルカスといわれています。アルカスはその後、このようすをあわれに思ったゼウスにより小熊にされ、天に上げられて小熊座になりました。

麦星

アルクトゥールス

牛飼座α座につけられた固有名です。光度は一等星の一クラス上の〇等星で、梅雨の晴れ間に、ほぼ頭の真上でオレンジ色の光を放っています。ギリシア語のアルクトウロス（熊の番人）が語源といいます。

されど、オーアリオーン（オリオン）とセイリオス（シリウス）の星と中空に来り、ばらいろの指の東明《しののめ》にアルクトウロスの星を見なば、ペルセスよ、すべての葡萄の房を剪みとりて運び帰るべし（ヘシオドス／農作と日々）

霧氷とアルクトゥールス　↑

大角《だいかく》

アルクトゥールスの中国名です。蠍座を巨大な青竜に見立て、二本の角がアルクトゥールスと、乙女座のスピカに達すると想像したところからついた名です。スピカのほうは**角**《かく》といいます。

角

五月雨星《さみだれぼし》

梅雨空にほぼ頭の真上でまたたくところからついた、アルクトゥールスの和名です。似たような呼び名に、**雨夜**《あまよ》**の星**《ほし》があります。

雨夜の星

狗賓星《ぐひんぼし》

赤く輝く（実際にはオレンジ色に近い）アルクトゥールスを、赤ら顔した天狗に見立てた呼び名です。奥美濃地方などに残っています。

昔の人は、枝が傘のように出っぱっている傘松《からかさまつ》に明滅する光（星）を、天狗の精と信じました。

麦星《むぎぼし》

麦の刈り入れのころ、アルクトゥールスは頭上に輝くところからこの名がつきました。この星のオレンジ色も麦の穂を連想させました。似たような和名に、**麦刈**《むぎか》**り星**《ほし》、**麦熟**《むぎう》**れ星**《ほし》などがあります。

麦星の豊の光を覚しけれ（楊水）

麦刈り星　麦熟れ星

乙女座《おとめざ》

一等星スピカを含む大きな星座で、右に寝そべった「Y」字形をしています。右下の枝先の四等星はβ星で、秋分の日に太陽はこの近くにやってきます。黄道第六番目の星座として知られ、六月初旬の夜八時に南の空に見えます。

神話では、東隣りにある天秤を使って人間の正義や邪悪を量った正義の女神アストレア、あるいは農業の女神デメテル、さらにデメテルの娘ペルセポネといわれています。

乙女座

スピカ

乙女座α星につけられた固有名です。ラテン語でとげとげした穀物の穂を意味し、星座絵では女神が手にした麦の穂のところに光っています。これから判断すると乙女座は、農業神の娘である豊作の女神がふさわしい気がします。

真珠星《しんじゅぼし》

スピカの和名で、純白に輝くこの星の光が、清純な印象を与えたところからついたものです。春の夜更けに南にやってくる空の宝玉を言い表しています。

春の夫婦星《はるのめおとぼし》

オレンジ色に輝く男性的なアルクトゥールスと、純白に輝く女性的なスピカを一つのカップルに見立てた呼び名です。

春の大曲線《はるのだいきょくせん》

北斗七星のひしゃくの柄のカーブにそって延長すると、アルクトゥールスとスピカにとどきます。この大きなカーブを春の大曲線といいます。

春の大曲線

春の夫婦星

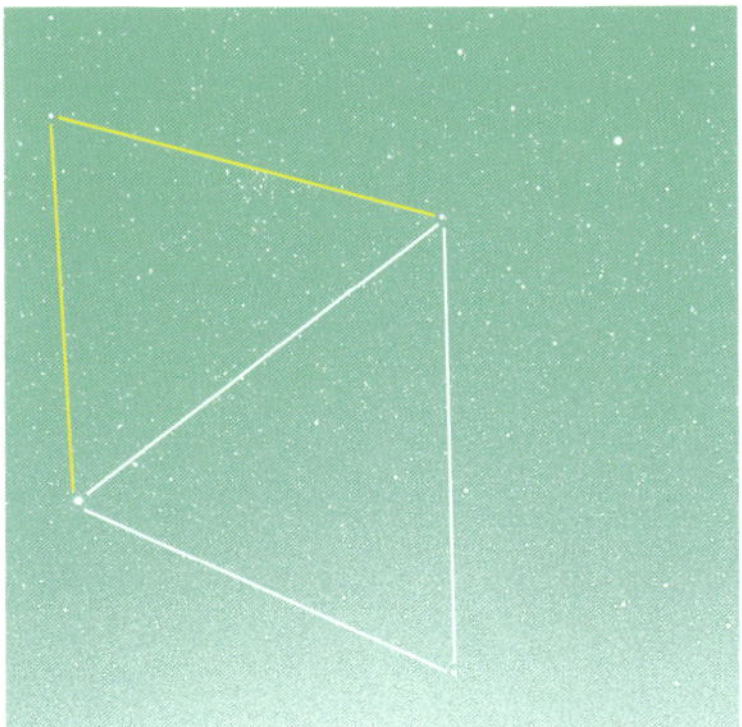

春の大三角《はるのだいさんかく》

獅子座のデネボラに乙女座のスピカ、牛飼座のアルクトゥールスを加えてできる大きな三角形をいいます。この三つの星に、さらに猟犬座のα星**コル・カロリ**（チャールズの心臓）を加えてできる菱形を、**春《はる》のダイヤモンド**と呼んでいます。

コル・カロリ
春のダイヤモンド

春の大三角と春のダイヤモンド

髪座《かみのけざ》

五月下旬の夜八時ごろ、ほぼ頭の真上にやってくる星座で、獅子座と牛飼座の間にあります。星の少ないところですが、目が慣れるとメロット一一一と呼ばれるV字形の星の群れが春霞のように見え、はっとさせられます。

星が少ないのは、銀河の北極に位置しているためで、髪座に大望遠鏡を向けて写真を撮ると、おびただしい数の小宇宙が写し出されます。そのためこのあたりは、**宇宙《うちゅう》ののぞき窓《まど》**と呼ばれます。

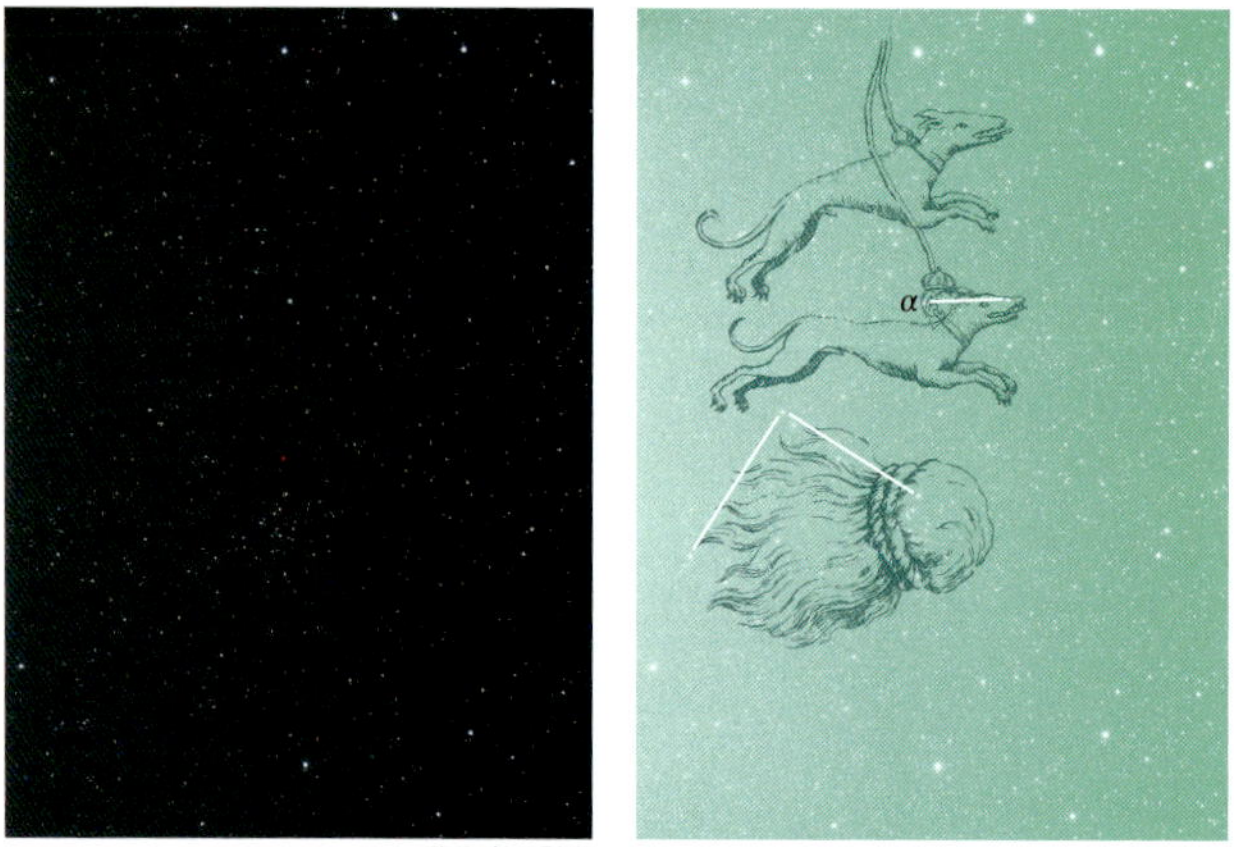

猟犬座と髪座

ベレニケの髪の毛座《ベレニケのかみのけざ》

髪座は、古くはベレニケの髪の毛座と呼ばれました。ベレニケは紀元前三世紀ごろ、エジプトを治めていたマケドニア王朝のプトレマイオス三世の王妃で、髪の毛が美しいことで知られていた実在の人物です。

ある年、王がシリアとの戦いに出征するとき、ベレニケは夫の身を案じ、女神アフロディテの神殿で、「夫に勝利を与えてくださるなら、私の髪の毛を捧げます」と誓いました。祈りは通じて王が凱旋すると、ベレニケは髪の毛を切り神殿に捧げました。翌日、この髪の毛が消え失せると、王に仕える宮廷天文官コノンは、「王妃の心と髪の毛を愛で、大神ゼウスが星座に加えました」といって、夜空を指したと伝えられています。

ベレニケの祈り

猟犬座《りょうけんざ》

牛飼いの連れた、アステリオンとカーラという二匹の猟犬をかたどった星座。六月の初旬の夜八時に、三等と四等の二つの星が北天高く見えます。

双子座《ふたござ》

双子の兄弟をかたどった星座で、二つ並んだカストルとポルックスの輝星が目につきます。黄道第三番目の星座として知られ、三月初旬の夜八時ごろほぼ頭の真上に見えます。

神話によると、双子の兄弟は乗馬やボクシングが達者で、ともに多くの冒険で大活躍をしました。兄が死ぬと弟は不死身の身体を分けてやり、一日おきに神の世界と人間の世界で仲良く暮らしたといいます。(104)

カストル

双子座α星の固有名。ギリシア語のカストルをラテン語化したもので、双子の兄にあたります。光度は二等星。

ポルックス

双子座β星の固有名。ギリシア語のポリュデウケスをラテン語化したもので、双子の弟にあたります。光度は一等星。

カストルとポルックスは大神ゼウスの子供であるところから、ゼウスの息子たちという意味で**ディオスクロイ**とも呼ばれます。

ディオスクロイ

猟犬座

双子座

蟹目《かにめ》

仲良く並んだカストルとポルックスは、古くから動物の目に見られていました。日本では蟹目とか**蟹《かに》の目《め》**のほかに、**犬《いぬ》の目《め》**、**猫《ねこ》の目《め》**、**目玉星《めだまぼし》**、**眼鏡星《めがねぼし》**、**両眼星《りょうめぼし》**、**睨《にら》み星《ぼし》**などの名で呼ばれています。

一方、北欧のゲルマン民族は**巨人《きょじん》の目《め》**に見立てています。

蟹の目　犬の目　猫の目　目玉星　眼鏡星　両眼星　睨み星　巨人の目

二つ星《ふたつぼし》

二つ並んだカストルとポルックスの和名で、いかにも素朴な呼び名といえます。また、白色のカストルと、オレンジ色のポルックスからついた呼び名に、**金星銀星《きんぼしぎんぼし》**があります。

金星銀星

金星銀星

兄弟星《おとどえぼし》

これもカストルとポルックスの和名で、二つの星を兄弟に見立てたものです。また、曽我兄弟の**五郎《ごろう》・十郎《じゅうろう》**の名も静岡地方に残っています。

五郎・十郎

門杭《かどぐい》

旧正月のころの夜更け、カストルとポルックスは西に傾き、直立して柱のように見えます。これが門飾りをする杭に見えるところから、門杭と呼ばれています。

冬の星座と並ぶ双子座は、冴え渡る夜空に華やいだ光を放っています。そのほか**門星《かどぼし》**、**松杭《まつぐい》**、あるいは**餅食《もちく》い星《ぼし》**、**雑煮星《ぞうにぼし》**などの名もあります。

門星　松杭　餅食い星　雑煮星

セント・エルモの火《セント・エルモのひ》

嵐が近づくと、雷雲のような電気を帯びた雲の影響で、帆船のマストの先端などに青白い光が見えることがあります。これをセント・エルモの火といいます。

古代・中世の地中海の船乗りたちは嵐の夜、セント・エルモの火が出るとカストルとポルックスの名を呼んだといいます。すると不思議に嵐はおさまり、海は静かになったところから、双子は地中海地方で航海の守り神と崇められるようになったと伝えられています。

セント・エルモは船乗りの守護聖人である、聖エルモからついた名です。

蟹座《かにざ》

明るい星はありませんが、黄道第四番目の星座として古くから知られています。蟹の甲羅を形づくる四つの星が、獅子の大鎌とカストルとポルックスの間にあります。三月下旬の夜八時ごろ南の空高く見えます。

鬼宿《きしゅく》

蟹の甲羅にあたるγ、δ、η、θの四つの星の中国名です。地上に残った死者の精霊を表しているといいます。人間は死ぬと、心をつかさどる魂《こん》は天に昇って神になりますが、形、すなわち肉体をつかさどる魄《はく》は、地上に残って鬼《き》と呼ばれる精霊になると考えられました。

蟹座

プレセペ

プレセペ

蟹の甲羅の四星の中心に見える星の群れのラテン名で、かいば桶を意味します。γ星とδ星を、二匹のロバ（アセルス）に見ていたところからついた名です。

一六一〇年、ガリレオがはじめて望遠鏡を向けたとき、「プレセペと呼ばれる星雲はただ一個の天体ではない。約四〇個の星の集まりで、私はアセルスのほかに三〇個の星を数えた」と、感動したようすを述べています。

実際には一〇〇個の星が集まった散開星団で、双眼鏡で漆黒の闇にちりばめた宝石のように見えます。

積尸気《ししき》

プレセペの中国名で、ぼんやり青白く光る星団を鬼火に見立てました。これを取り囲む四つの星を鬼宿といい、中国ではもっとも縁起の悪い星座としています。

同じように、一世紀のローマの博物学者プリニウスも、「もし、晴れた晩にプレセペが隠れることがあれば、暴風雨になるしるし」と述べ、青白いプレセペの光は人間に禍をもたらすものと考えていました。

しかしインドでは、釈迦が生まれたとき月がここにあったというので、ここをめでたい星座としています。おまけに、プレセペの星の集まり方が釈迦の胸にある卍に似ているところから、いっそう崇められています。

蜂の巣星団《はちのすせいだん》

イギリスでは、プレセペの群がる星ぼしが蜂の巣に似ているところから、ビーハイブ（蜂の巣）星団と呼んでいます。双眼鏡でこの様子がわかります。

鬼火と木星

天秤座《てんびんざ》

七月初旬の夜八時ごろ南中する星座で、四つの星でいびつな菱形を描いています。黄道第七番目の星座として古くから知られていますが、昔ここに秋分点があり、昼と夜を二分していたところから、天秤座になったといいます。

神話によると、正義の女神アストレアが、人間の正義や邪悪を量るために使った天秤といわれます。

天秤座

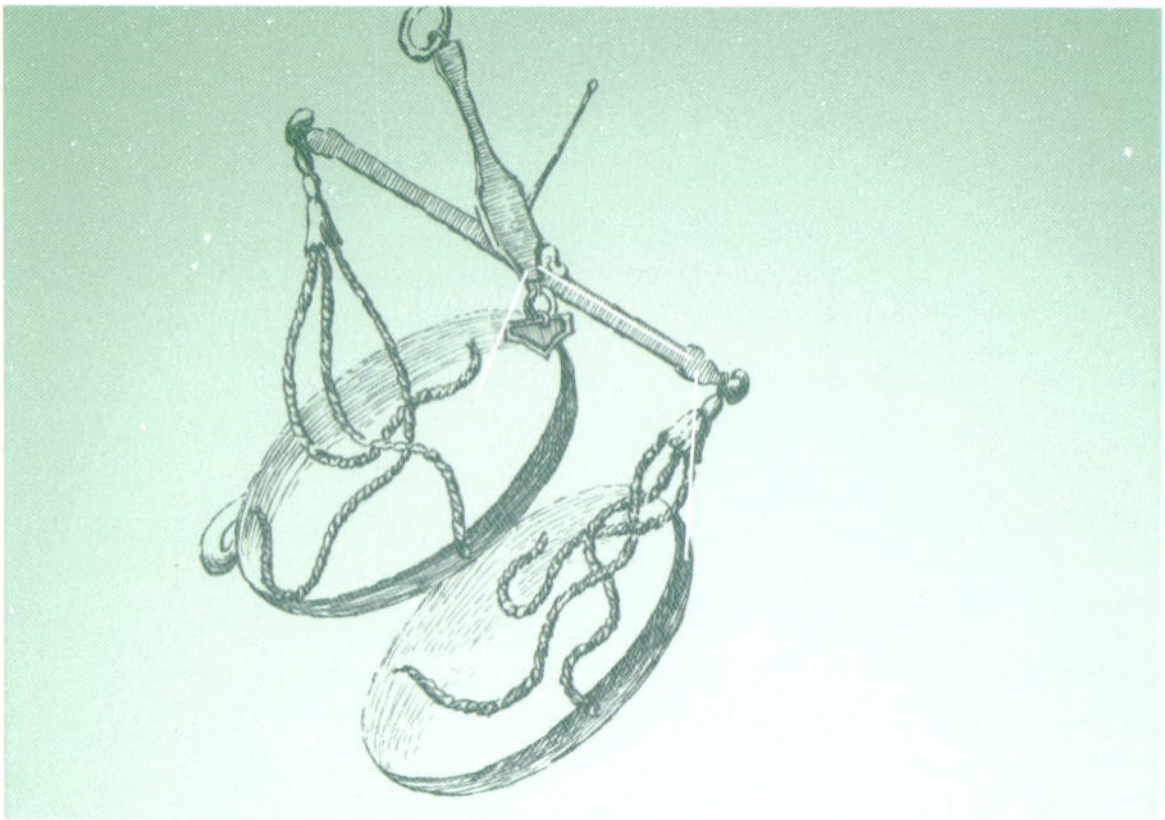

海蛇座《うみへびざ》

全天で一番大きい星座で、蟹座のすぐ南で海蛇の頭を形づくる五、六個の星が、ひと塊になっています。そこから東へ**六分儀座**《ろくぶんぎざ》、**コップ座**《ざ》、烏座の南を通り、天秤座の西隣りまで、延々一〇〇度以上も輝いています。四月下旬の夜八時ごろ南の空に見えます。

神話によるとこの蛇の正体は、レルネの野のアミュモーネという泉にすむ、九本首のヒドラ（水蛇）といいます。家畜や土地を荒らしていましたが、ヘラクレスと、彼に力を貸した甥のイオラオスに退治されました。

六分儀座
コップ座

アルファルド

海蛇座**α**星（二等星）の固有名。アラビア語のアル・ファルド・アル・シュジャー（蛇の孤独な星）からきたもので、孤独を意味します。周囲に明るい星がないためにつきました。

この星は海蛇の心臓のところで光るところから、ラテン名で**コル・ヒドレ**（ヒドラの心臓）という名前があります。十六世紀のデンマークの天文学者ティコ・ブラーエが命名したものです。

コル・ヒドレ

南十字座《みなみじゅうじざ》

一等星二つを含むおなじみの星座で、**南十字星**《みなみじゅうじせい》の名で親しまれています。烏座の真南に位置し五月下旬の夜八時ごろに南中しますが、緯度の関係で本州からは見えず、十字架の全景を見るには沖縄まで南下しなければなりません。水平線上に姿を見せる八重山列島の小浜島では、南十字星を**ハイムルブシ**と呼んでいます。十字架の立て棒にあたる二つの星を結び、その長さを四・五倍延長したところに**天**《てん》**の南極**《なんきょく》があります。昔の船乗りにとって南十字星は大切な星でした。

南十字星　ハイムルブシ　天の南極

海蛇座

南十字星とコールサック

コールサック

南十字星のすぐ南東にある**暗黒星雲**《あんこくせいうん》で、コールサックとか**石炭袋**《せきたんぶくろ》と呼ばれています。白鳥座にも同名のものがあります。

暗黒星雲　石炭袋

サザンクロスとサザンポインターズ

ケンタウルス座と南十字星

ケンタウルス座《ケンタウルスざ》

半人半馬をかたどった星座で、六月初旬の夜八時ごろ南の空低く見えます。一等星二つを含みますが、緯度の関係で本州からは二つとも見ることはできません。α星は地球にもっとも近い星で四・三光年の距離にあります。

神話によると、この馬人の名はフォローといい、ほかの馬人がヘラクレスの射た毒矢で倒れると、すぐに抜き取ってやっていましたが、あやまってその毒矢を足に落としたため、死んだといいます。

サザンポインターズ

ケンタウルス座α星とβ星の英名。α星からβ星を結び、そのまま延長すると南十字星にとどき、さらに南十字星から天の南極を知ることができるためについた呼び名です。

夏の星空

7月初旬　23時
7月中旬　22時
8月初旬　21時
8月中旬　20時

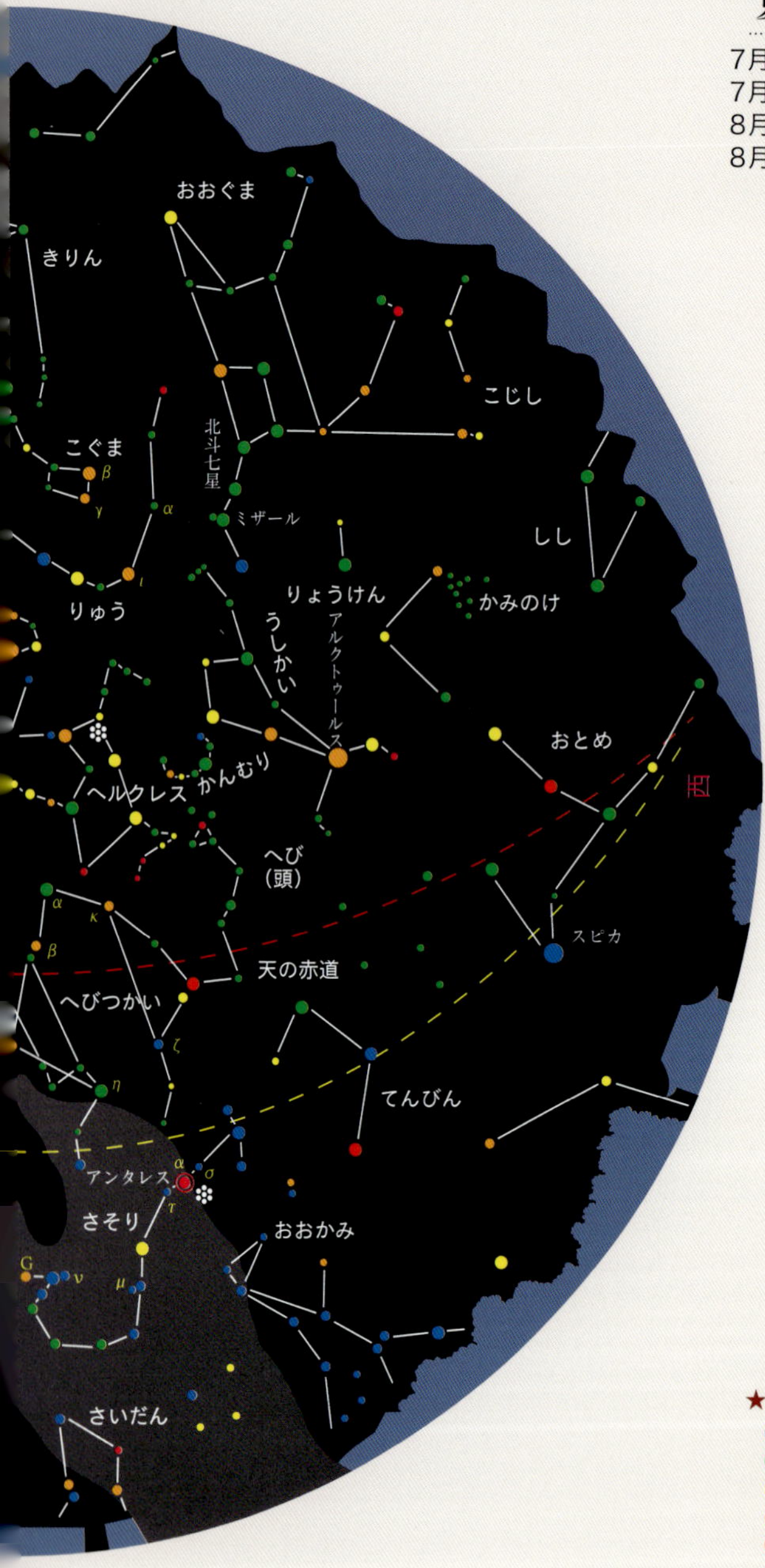

★星のスペクトル
- O型とB型
- A型とF型
- G型
- K型
- M型

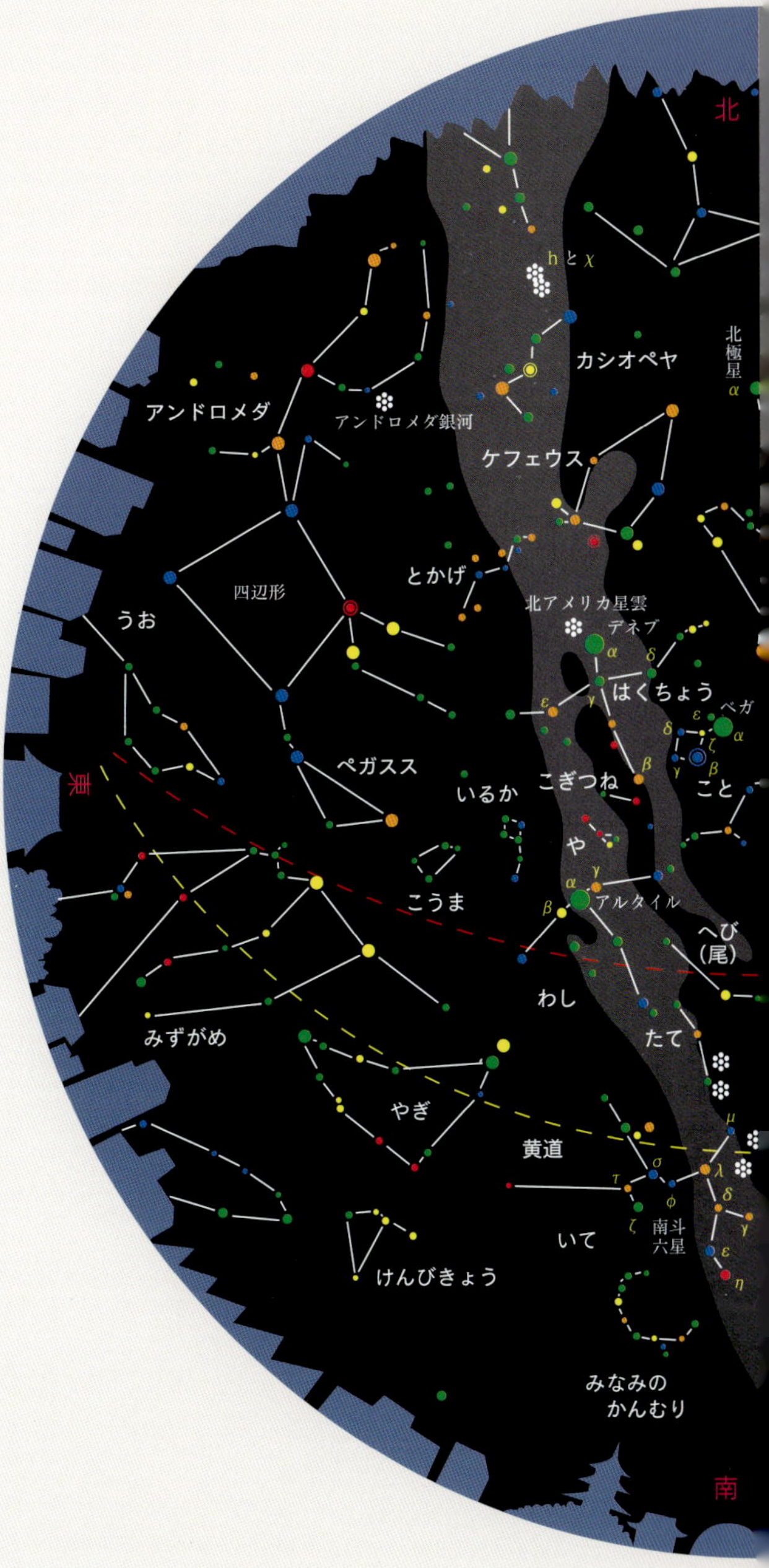

● 1等星以上
● 2等星
● 3等星
• 4等星
• 5等星
◉ 変光星
❁ 星雲・星団

北極星

小熊座

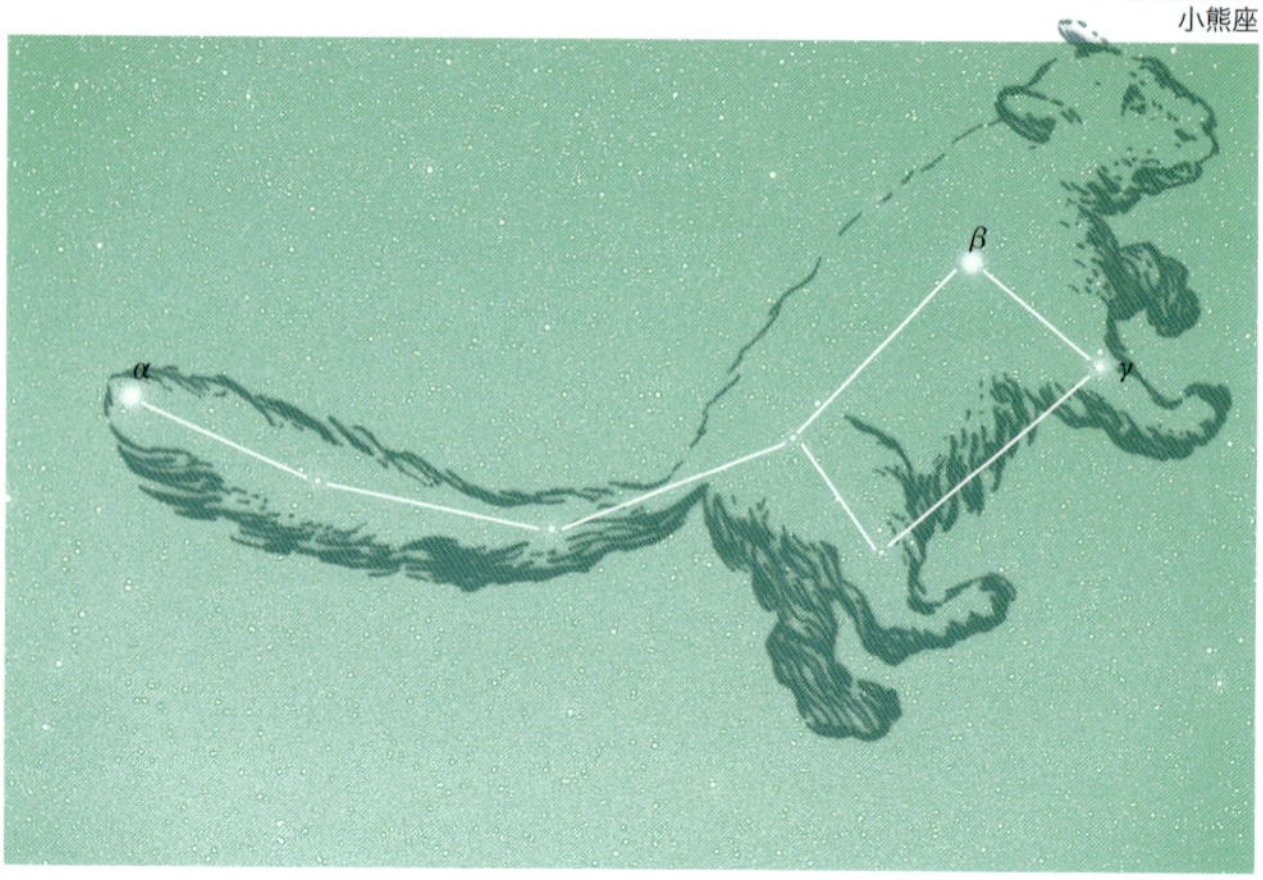

小熊座《こぐまざ》

北極星を含む北天の星座で、七つの星で北斗七星に似た形を描いています。周極星として一年中見ることができますが、七月中旬の夜八時ごろ、もっとも北天高くなります。

古代バビロニアでは、北斗七星を「大きい車」に見ていたように、小熊座のほうをマルギッダ・アンナ（小さな車）と呼びました。

神話によると、大熊になったニンフのカリストの息子アルカスといわれています。

小七曜《こしちよう》

北斗七星を小さくしたような形をしているところからついた、小熊座の和名です。

大小二つのひしゃくが北の空に回っているところから、北斗七星を**大《おお》びしゃく**と呼ぶのに対し、小熊座を**小《こ》びしゃく**といいます。

大びしゃく　小びしゃく

北極星《ほっきょくせい》

北極星が小熊座のα星であることは、意外と知られていません。天の北極近くに位置するという意味からついたもので、光度は二等、淡い黄色の光を放っています。距離は四〇〇光年といいますから、今夜見る北極星は、天下分け目の関ヶ原の戦いのころ出発した光を見ていることになります。

古代中国では、小熊座を主とする星列を**紫微垣《しびえん》**といい、動かないところから天帝の居所とされ、転じて天子の位にたとえられました。

中国古代の経典の語を解説した『爾雅《じが》』に、「北極之を北辰と謂ふ」とあります。また、江戸時代の方言集で越谷《こしがや》吾山《ござん》の著した『物類称呼《ぶつるいしょうこ》』の北辰の項に、「北極と称するも同じ、うごかぬ星なり」と記されています。辰は星を意味します。古くは**北辰《ほくしん》**、**妙見《みょうけん》**、**北辰妙見《ほくしんみょうけん》**などの名が用いられ、近世に入って北極星と呼ばれるようになりました。（114・115）

紫微垣　北辰　妙見　北辰妙見

子の星《ねのほし》

十二支で、子は真北の方角に相当するところからついた、北極星の呼び名です。ほかにも**子《ね》の方《ほう》の星《ほし》**、**北《きた》の子《ね》の星《ほし》**など同じような名が各地に残っています。沖縄では訛って、**ネノフシ**、**ネノホーブシ**（子の方星）といいます。北極星は北の空の一点でじっとしているのではなく、わずかに動きます。北極星が**天《てん》の北極《ほっきょく》**から一度ほど離れているためで、それを言い表したものに、「子の星は一寸三分《いっすんさんぶ》うごく」があります。

しかし、北極星の動きの大きさは各地で様々で、一寸八分だったり、一夜に三寸五分だったり、そうかと思うと屋根瓦一枚などというのもあります。広島の呉の俚謡に、「北の子の星や動かぬ星で　ついて回るが七つ星」があります。七つ星は、いうまでもなく北斗七星のことです。

北辰（ピントをぼかした北極星）

子の星

子の方の星
北の子の星
ネノフシ　ネノホーブシ
天の北極

ポラリス

北極星のラテン名で、ステラ・ポラリス（極の星）が省略されたものです。航海の目あて星だったところから**ステラ・マリス**（海の星）とか、**ナビガトリア**（航海を導く星）といった呼び方もあります。

ステラ・マリス
ナビガトリア

北の一つ星

心星《しんぼし》

星空は、あたかも北極星を中心に回っているように見えます。心星は星空の中心、あるいは回転軸に見立てた和名です。

心星

一つ星
北のいっちょん星
北の明星　目あて星
方角星
チヌカルカムイ　チヌカラグル

北の一つ星《きたのひとつぼし》

北極星のまわりには明るい星がなく、一つだけぽつんと光っています。それを表した和名が北の一つ星です。

そのほかにも**一《ひと》つ星《ぼし》**、**北《きた》のいっちょん星《ぼし》**、**北《きた》の明星《みょうじょう》**、**目《め》あて星《ぼし》**、**方角星《ほうがくぼし》**などの名があります。またアイヌでは、北極星を我らの見る神という意味で、**チヌカルカムイ**とか**チヌカラグル**と呼んでいます。

コカブ

小熊座β星の固有名です。アラビア語のアル・カウカブ・アル・シャマリー（北の星）からきたもので、星を意味します。およそ三〇〇〇年前、この星が北極星だったことに由来するといいます。

北極星が移動するのは歳差という地球の首振り運動によるためで、現在の北極星も二一〇二年には一度の半分の二七・六分まで天の北極に近づきますが、その後は少しずつ離れ、西暦四五〇〇年ごろには三〇度も離れてしまいます。そのころにはケフェウス座のγ星が、代わって北極星になります。

フェルカド

小熊座γ星の固有名で、アラビア語のアル・ファルカド（小牛）が語源といいます。β星とγ星をあわせて、アル・ファルカダニ（二匹の小牛）と呼びました。

四三から子の星を守る矢来星

野郎星　番の星
ザ・ガード・オブ・ザ・ポール

矢来星《やらいぼし》

コカブとフェルカドにつけられた和名です。

戦場などで竹や丸太などを縦横に組んでつくった柵を、矢来といいます。四三《しそう》（北斗七星）が子の星（北極星）をねらっているので、矢来星が守っていると見たものです。矢来が訛って**野郎星**《やろうぼし》、あるいは**番**《ばん》**の星**《ほし》などの呼び名もあります。

面白いのは英名で、β、γの二つの星を**ザ・ガード・オブ・ザ・ポール**（極の守衛）と呼んでいるのです。出来すぎと思えるほど似ています。

角笛の口《つのぶえのくち》

私が昔羊飼いしとった時分に習うた学問では、あの角笛の口が頭の真上に来て、左の上の線の中にある時は、真夜中じゃから、もう夜明けまでにゃ、三時間とはござりませんからの

（セルバンテス／ドン・キホーテ〈片上伸訳〉）

小熊座の七つの星のうち、目につくのは北極星と矢来星の二つです。これを結んだ細長い三角形を角笛に見立てたもので、この呼び名は、中世から近世にかけてスペインやイタリアなどで使われたと思われます。

また想い見よ、夜も昼も、われらの天の懐ろにありて足れりとし、その轅《ながえ》をめぐらしつつも隠れ去ることなき北斗の七つ星を。また第一の天輪に車軸をなせるものの尖端にはまる、かの角笛の口を

（ダンテ／神曲〈生田長江訳〉）

角笛の口

蠍座《さそりざ》

南天の　蠍よもしなれ　魔ものならば　のちに血はとれ　まず力欲し（宮沢賢治）

黄道第八番目の星座で、S字の形をしています。夏を代表する星座の一つとして古くから知られ、メソポタミアの古代遺跡から発掘される石柱や粘土板などに描かれています。中国では青竜、インドネシアでは椰子の木に見られていました。

神話によると、天上天下われよりも強いものはいない、と豪語したオリオンを刺し殺したのがこのさそりといわれています。

雁あはれ蠍座の尾はしかと立つ（加藤　楸邨《しゅうそん》）

蠍座

魚釣り星《うおつりぼし》

南の空低くかかるS字の形の蠍座を海辺で見ると、天の釣針が大海に投げこまれるように見えます。そこからついた和名で、沖縄でも**イユチャーブシ**（魚釣り星）と呼ばれます。

そのほか**鯛釣《たいつ》り星《ぼし》**、**漁星《りょうぼし》**とも呼ばれ、S字の形を柳に見立てた**柳星《やなぎぼし》**の名もあります。

イユチャーブシ
鯛釣り星
漁星　柳星

アンタレス

蠍座α星の固有名で、アンチ・アレス（火星に対抗するもの）からきた呼び名です。アレスはギリシア神話に登場する軍神の名で、火星を意味します。赤色のアンタレスの近くに、しばしば火星が赤さを競うように近づいたところから、この名がつきました。

なおアンタレスは、蠍の心臓のところに光るところから、ラテン名で**コル・スコルピオ**（蠍の心臓）といい、中国では青竜の心臓として**心宿**《しんしゅく》と呼ばれています。

アンタレスが赤いのは、表面の温度が太陽の半分の三〇〇〇度ほどしかないからです。この星は太陽の直径の七二〇倍もあるという**赤色超巨星**《せきしょくちょうきょせい》で、太陽系でいえば、水星、金星、地球を飲みこんで、火星の軌道あたりまで広がっていることになります。光度は一等星ですが、四・七年の周期で、〇・九等から一・八等まで明るさを変える**変光星**《へんこうせい》になっています。

コル・スコルピオ　心宿
赤色超巨星　変光星

赤星《あかぼし》

アンタレスの和名で、夏の炎暑をもたらすように赤く輝くところからついたものです。

赤といってもアンタレスの赤は、酒を飲んで酔っ払っていると見たものもあり、**酒酔い星**《さけよいぼし》というユーモラスな呼び名もあります。

酒酔い星

豊年星《ほうねんぼし》

これもアンタレスの和名です。秋になって収穫が多いと荷が重くなり、顔を赤くして担がなければならないからだといいます。

大火《たいか》

アンタレスの中国名で、**火**《か》ともいいます。

『書経《しょきょう》』に、「日永く、星は火、もって仲夏を正す」とあるように、すでに紀元前三〇〇〇年ごろ、アンタレスの南中により夏至を知りました。また、「大火流《くだ》る」といえば、アンタレスが西に傾いて季節が夏から秋に変わることを意味します。

歳落《くだ》りて衆芳《はなばな》も歇《つ》き　時は大火の流るるに当たる。塞《とりで》を出《い》づれば霜の威《ちから》早く江を渡れば雲の色秋なり（李白）

火

赤い目玉のさそり

籠担ぎ星《かごかつぎぼし》

アンタレスと、その両脇のσ、τの三つ星に対する和名。アンタレスを天秤棒を担いでいる人、σ星とτ星を天秤棒にぶら下げた籠に見立てたものです。
似たような呼び名に**商人星**《あきんどぼし》、**天秤棒星**《てんびんぼうぼし》、**鯖売り**《さばう》**星**《ぼし》、**塩売り**《しおう》**星**《ぼし》、**粟担い**《あわにな》**星**《ぼし》、**親担い**《おやにな》**星**《ぼし》、**朸星**《おうこぼし》などがあります。朸は天秤棒のことで、おうごともいいます。

おうごの三つふせに押し伏せられて
（狂言　楽阿弥）

商人星　天秤棒星
鯖売り星　塩売り星
粟担い星　親担い星　朸星

籠担ぎ星

相撲とり星《すもうとりぼし》

蠍座μ星の和名。この星は、三等星と四等星がくっつくように並んだ**二重星**《にじゅうせい》で、交互にまたたく様子が、相撲をとっているように見えたところからついた名前です。愉快なものに**喧嘩星**《けんかぼし》、**御**《み》**輿星**《こしぼし》、**褌**《ふんどし》**奪**《ば》**い星**《ぼし》、**脚布**《きゃふ》**奪**《ば》**い星**《ぼし》などがあります。
脚布とは腰巻のことで、七夕伝説から生まれたものです。たなばた星（織姫）さんが二人の雨降りのおなご星に、「私の織った美しい脚布をあげますので、七夕の夜は雨を降らさないでください」と頼みました。ところが、脚布は一枚しか織れなかったため、二人は奪いあっているのだといいます。

二重星
喧嘩星
御輿星
褌奪い星
脚布奪い星

相撲とり星

参商《しんしょう》

中国で、オリオン座の三つ星を**参**《しん》、蠍座のアンタレスを中心にした三つ星を**商**《しょう》といいます。オリオン座は冬の星座、蠍座は夏の星座、すなわち参と商は星空で東と西にあって、逢うことのないたとえをいいます。

人生相見ざること　ややもすれば参と商のごとし
今夕復た何の夕ぞ　この燈燭《ともしび》の光を共にするとは
（杜甫／衛八処士に贈る）

参
商

傅説《ふえつ》

蠍のしっぽにあるG星の中国名です。殷の時代の武丁《ぶてい》は、衰えかけた国をどうしたら再建できるか悩んでいました。ある夜、賢人に助けられる夢を見た武丁は似顔絵をつくり、家臣たちに夢に見た男を捜させました。その甲斐あって傅険《ふけん》というところで、似顔絵そっくりの男が見つかりました。名を説《えつ》といい、工事夫をしていました。武丁は説を説得し、躊躇することなく宰相としました。すると国は立ち直り、みごとに復興したのです。説は出身地の名をとって傅説と呼ばれ、死んでから星になったと伝えられています。
李白は説のことを、「万古辰星に騎《の》り、天輝天下を照らす」と詠んでいます。ここでいう辰星は蠍座で、四神の青竜をさします。（124）

天翔る傳説

蛇遣座《へびつかいざ》

医神をかたどった星座で、上半身で大きな五角形を描いています。古くから蛇をもつ巨人に見られているのは、蛇が医術の象徴だからです。八月初旬の夜八時に南の空に見えます。

神話によると、馬人ケイロンに育てられたアスクレピオスは、医術を習得してあらゆる難病を治す名医になりました。しかし、死者まで生き返らせたため、大神ゼウスはやむなく雷電の一撃で殺したといいます。

蛇遣座と蛇座

讃岐の箕《さぬきのみ》

蛇遣座α、β、κ、ζ、ηの五星につけられた和名です。

香川県沖の櫃石《ひついし》という小島では、ゆがんだ五角形を箕に見立て、そこから讃岐の方角にこの星が見えだすと七夕が近いと伝えられています。

セルペンティス・カプト
セルペンティス・カウダ

蛇座《へびざ》

蛇遣座の医神アスクレピオスが手にした蛇で、二つの四等星が小さな三角形を描いています。医神により**セルペンティス・カプト**（蛇の頭部）と**セルペンティス・カウダ**（蛇の尾部）に二分割されているため、南中時は頭部と尾部で一ヶ月ほどずれますが、全体の見頃は八月初旬の夜八時ごろになります。

ヘルクレス座《ヘルクレスざ》

ギリシア神話の英雄ヘラクレスをかたどった星座で、八月初旬の夜八時ごろ頭の真上にやってきます。大きなわりに明るい星が少なく、しかも逆様になっています。目印は英雄の胴体にあたる歪んだH字形です。星座名がヘルクレスになっているのは、ラテン名のため。ヘラクレスの武勇伝は多く、赤ん坊のときでさえ、女神ヘラが放った毒蛇をにぎりつぶしてしまったといいます。

冠座《かんむりざ》

ヘルクレス座のとなりにある小さな星座で、七つの星が小さな半円形を描いています。七月中旬ごろの夜八時に頭の真上近くにやってきます。古代ギリシアでは花輪に見立て、ステファノスと呼びました。

上るヘルクレス座と冠座

天の首飾り

竈星《かまどぼし》

半円形に並んだ星の並びを、かまどに見立てたものです。

かまどにちなんだ呼び名は多く、**くど星《ぼし》**、**へっつい星《ぼし》**、**長者《ちょうじゃ》のかま**、**鬼《おに》のおかま**、**地《じ》獄《ごく》のかま**などが各地に残っています。また、その形から**車星《くるまぼし》**、**太鼓星《たいこぼし》**、**井戸端星《いどばたぼし》**、**指輪《ゆびわ》星《ほし》**、**首飾《くびかざ》り星《ほし》**、**土俵《どひょう》星《ぼし》**などの呼び名もあります。

露けむり火ともす菊やへっつい星(立心)

くど星
へっつい星
長者のかま
鬼のおかま
地獄のかま
車星　太鼓星
井戸端星
指輪星
首飾り星
土俵星

貫索《かんさく》

ところが変われば見方も変わるもので、中国では冠座の半円形を牢屋に見立て、貫索と呼んでいます。そのほかオーストラリアの原住民は**ブーメラン**、アメリカインディアンは**天《てん》の姉妹《しまい》**に見立てました。

ブーメラン
天の姉妹

竜座《りゅうざ》

八月初旬の夜八時ごろ小熊座の上に見える星座で、平仮名の『て』の形をしています。

竜座には二等星や三等星があるのに、四等星の**トゥバン**(竜)がα星になっています。それは五〇〇〇年前、この星が北極星だったからです。五〇〇〇年前といえば、エジプトではピラミッドの建設が始まったころで、クフ王のピラミッドの玄室に三一度の傾斜をもつトンネルが掘られています。このトンネルは当時の北極星トゥバンをさしていました。

神話によると、北アフリカのアトラス山にあるヘスペリデスの花園で、金のりんごを守る竜といわれます。

トゥバン

竜座

夏の一番星

琴座

琴座《ことざ》

リラ（小たて琴）をかたどった星座で、輝星ベガと、その脇で菱形を描く四つの星が目印です。八月下旬の夜八時ごろ、ほぼ頭の真上に見えます。

神話によるとこの琴は、ヘルメスが亀の甲羅に七本の糸を張ってつくったたて琴といわれています。

ベガ

琴座α星の固有名で、アラビア語のアル・ナスル・アル・ワーキ（落ちる鷲）が語源といいます。ベガとその両脇のε星、ζ星でつくる裏返しのくの字、すなわち『∧』の形を、翼をたたんで急降下する鷲の姿に見立てたものです。ベガの光度は〇等で、天の北半球ではもっとも明るいので、**夏《なつ》の夜《よ》の女王《じょおう》**とも呼ばれています。

夏の夜の女王

織女《しょくじょ》

ベガの中国名。織女と牽牛が年に一度、七月七日の夜にだけ逢うという七夕の伝説は、奈良時代に中国から伝わりました。

棚機
織女
さきたなばた
めんたなばた
織り子星
女夫星

織り姫《おりひめ》

日本では織女のことを織り姫と呼びます。そのほか**棚機《たなばた》**、**織女《たなばたつめ》**、**さきたなばた**、**めんたなばた**、**織《お》り子星《こぼし》**、**女夫星《みょうとぼし》**などの名があります。さきたなばたは牽牛より先に上るため。めんたなばたは、女のたなばたのことをいいます。

遣唐使として中国にわたった山上憶良は、神亀元年（七二四）七月七日の夜、左大臣長屋王の屋敷で「ひさかたの　天の河瀬に船浮けて　今夜か君が　我許《わがり》来まさむ」（万葉集　巻八）と詠んでいます。

明方や七夕つめが閨《ねや》の雲（小林一茶）

秋風の吹きただよはす白雲はたなばたつめの天の領巾《ひれ》かも（よみ人知らず）

七夕の子ども《たなばたのこども》

織り姫のすぐ脇のε星、ζ星の和名で、三つの星で各辺二度の正三角形を描いています。この星を織り姫の子どもに見立てたもので、三つ合わせて**織女三星**《しゅくじょさんせい》といいます。

幼き男子、女の子を左右に置き愛し居たる(毘沙門の本地)

織女三星

瓜畑《うりばたけ》

織り姫の少し下に、β、γ、δ、ζの四つの星が平行四辺形を描いています。これを瓜畑と呼んでいます。豊作祈願にもとづく和名です。そのほか**瓜切**《うりき》**りまないた**、**まないた星**《ぼし》などの呼び名もあります。

星合ひやいかに痩地の瓜つくり(榎本《えのもと》其角《きかく》)

瓜切りまないた まないた星

織り姫と彦星

鷲座《わしざ》

一等星アルタイルを含む星座で、開いた傘のような『◺』形を描いています。夏の星座とはいいますが、夜八時に南の空にやってくるのは九月十日ごろになります。
神話によると、トロイのイーダ山で羊を飼っていたガニュメデスという少年は、身体が金色に輝いていたというくらいの美少年でした。オリンポスの宮殿で、そば近くに仕えてもらいたいと思った大神ゼウスは、鷲をつかわせ、あるいは自ら鷲になって少年を連れさらったといいます。

あかいめだまのさそり　ひろげた鷲のつばさ　あをいめだまのこいぬ　ひかりの
へびのとぐろ　オリオンは高くうたひ　つゆとしもとをおとす
（宮沢賢治／星めぐりの歌）

鷲座

アルタイル

鷲座α星の固有名で、アラビア語のアル・ナスル・アル・タイル（飛ぶ鷲）が語源になっています。アルタイルと両側にあるβ星、γ星の三つの星で描く直線を、『⦣』形のベガに対し、翼を広げて飛ぶ鷲の姿に見立てたものです。かつてアラビアでは、鷲座と琴座をアル・ナスライン（二羽の鷲）と呼んだといいます。

彦星《ひこぼし》

アルタイルの和名。織女《たなばたつめ》に対してつけられた男性名で、万葉集に**牽牛《ひこぼし》**の名が見られます。（131）

牽牛《ひこぼし》の嬬《つま》迎へ船漕ぎ出《づ》らし天の河原に霧の立てるは（山上憶良）

牽牛

犬飼星《いぬかいぼし》

アルタイルの和名。七夕伝説が中国から入ってきて、日本風に呼ばれる彦星より古くからある呼び名です。そのほか**犬《いぬ》かいさん**、**犬引星《いぬひきぼし》**、**犬《いぬ》ひきどん**、**いんこどん**、**牛《うし》かい星《ぼし》**、**あとたなばた**、**おんたなばた**などの名で呼ばれています。

暗がりを牛引星の急ぎかな（小西来山）

犬かいさん　犬引星
犬ひきどん　いんこどん
牛かい星
あとたなばた
おんたなばた

アルタイルと鷲の黒い穴

鷲の黒い穴《わしのくろいあな》

アルタイルの北東（右上）にある暗黒星雲の呼び名で、ギリシア文字の『ξ』に似た形をしています。カタログ上の名前はバーナード一四二、一四三。大気の澄んだところでは、双眼鏡で見ることができます。

河鼓三星《かこさんせい》

鷲座α、β、γの三つの星の中国名。**天鼓《てんこ》**ともいい、肩に担いで打ち鳴らす細長い太鼓の形に見たものです。

沖縄ではこの三星を、**ママクワブシ**（継子星）と呼んでいます。アルタイルを親、その両脇の星のうち天の川に近いほう（γ星）を継子、後ろのβ星のほうを実子に見立て、継子を先にして天の川を渡るからだといわれています。

またアイヌでは、**ウナルベクサ・ノチウ**（老婆の川渡り星）といい、両脇の星のうち、明るいγ星を働き者の弟、暗いβ星のほうを怠け者の兄に見立てた伝説からきています。

天鼓
ママクワブシ
ウナルベクサ・ノチウ

沈む河鼓三星

白鳥座《はくちょうざ》

一等星デネブを含む星座で、天の川の中に大きな十字形を描いています。古代フェニキア人やギリシア人などは、天の川を南下する大きな鳥の姿に見ており、エラトステネスはキュクノス（白鳥）と表現しています。九月下旬の夜八時ごろほぼ頭の真上に見えます。

神話によると、スパルタ王妃レダを見初めた大神ゼウスは、白鳥の姿になって近づいたといいます。のちにレダは二つの卵を産みます。一つは双子のカストルとポルックス、もう一つの卵からは、トロイ戦争の誘因となった美女ヘレンとクリュタイメストラが生まれました。

十文字星

白鳥座

十文字星《じゅうもんじぼし》

白鳥座の和名で、**十文字様**《じゅうもんじさま》とも呼ばれています。α、β、γ、δ、εの五つの星で、大きな十字形を描いているところからついたものです。

冬の初め、筑波山の方向に沈む白鳥の十字形を傘の形に見立て、茨城県の霞ヶ浦地方では**筑波**《つくば》**の傘星**《かさぼし》と呼んでいます。

ヨーロッパでは南十字（サザンクロス）に対し、**北十字**《きたじゅうじ》（ノーザンクロス）といいます。

十文字様　筑波の傘星　北十字

デネブと北アメリカ星雲

デネブ

白鳥座**α**星の固有名。アラビア語のアル・ダナブ・アル・ダジャジャー（めんどりの尾）からきた名前です。一八〇〇光年の距離にある一等星です。

古七夕《ふるたなばた》

デネブの和名で、**後七夕**《あとたなばた》ともいいます。七夕の二星より遅れて目に入るところからついた、素朴な呼び名です。

後七夕

天の川星《あまのがわぼし》

これもデネブの和名で、天の川に位置しているところからついたものです。この星のすぐ東側に、天の川が途切れて黒々見えるところがあります。これを**石炭袋**《せきたんぶくろ》、または**コールサック**といい、天の川星の光芒を際立たせています。南十字星にも同名のものがあります。

石炭袋の正体は、暗黒星雲と呼ばれる星間雲で、ガス星雲や天の川のような明るい天体の前にあると、その形が黒いシルエットになって見えます。

石炭袋　コールサック

北アメリカ星雲《きたアメリカせいうん》

デネブのすぐ脇にあるガス星雲で、形が北米大陸そっくりなところからついた呼び名です。空の澄んだところでは、肉眼で淡く見えます。

銀河鉄道

アルビレオ

白鳥座β星の固有名。アラビア語のアビレオ（くちばし）からついたといいますが、はっきりしていません。同じくアラビア語で、アル・ミンハル・アル・ダジャジャー（めんどりのくちばし）からきた、**メンカル**という別名もあります。

アルビレオは有名な二重星で、小さな望遠鏡で見ると、金色で三等星のアルビレオのすぐそばに、青色の五等星がくっついているのがわかります。トパーズとサファイアのようなところから、この一対を**天上**《てんじょう》**の宝石**《ほうせき》と呼んでいます。

窓の外の、まるで花火でいっぱいのやうな、あまの川のまん中に、黒い大きな建物が四棟ばかり立って、その一つの平屋根の上に、眼もさめるやうな、青宝玉《サファイア》と黄玉《トパーズ》の大きな二つのすきとほった球が、輪になってしづかにくるくるとまはってゐました（宮沢賢治／銀河鉄道の夜）

メンカル　天上の宝石

アルビレオ

夏の大三角《なつのだいさんかく》

琴座のベガ、鷲座のアルタイル、白鳥座のデネブの、三つの一等星で描く三角形を夏の大三角と呼んでいます。ほぼ二等辺三角形をしていて、天の川がこの三角形の中を横切っています。九月中旬の夜八時ごろ、頭の真上に見えます。

西に傾く夏の大三角

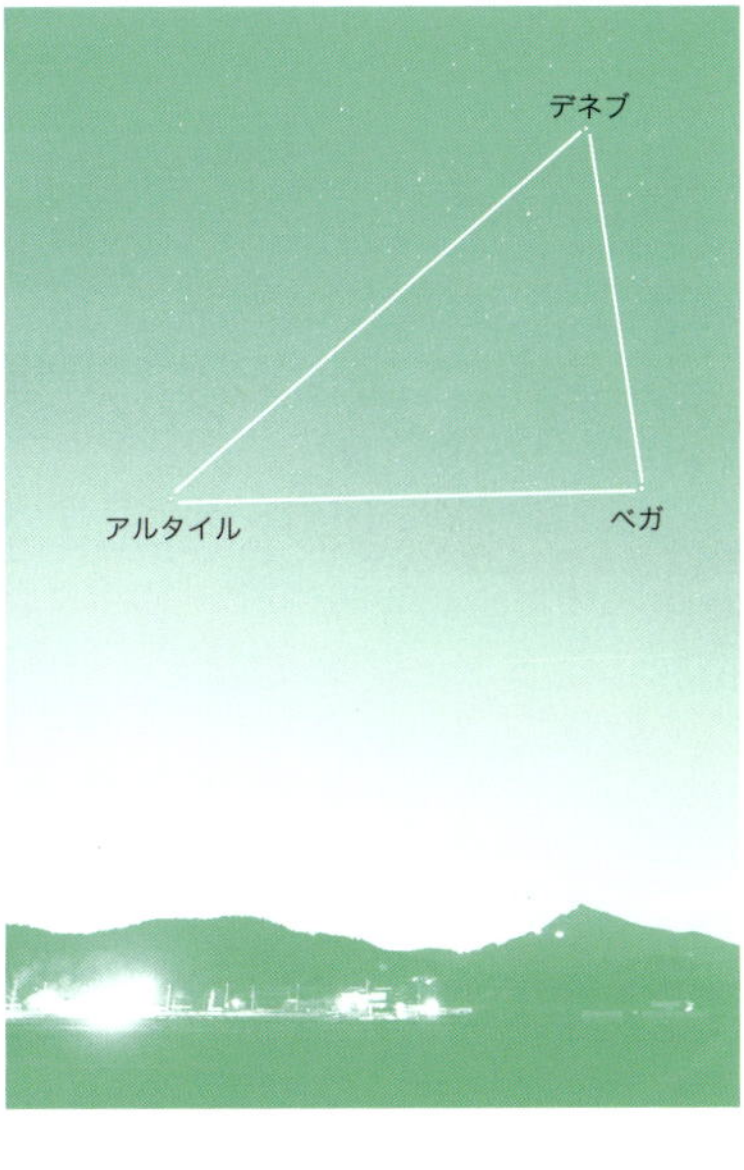

射手座《いてざ》

天の川のもっとも濃い南の低空で、六つの星が北斗七星を小さくしたようなひしゃくの形を描いています。黄道第九番目の星座として古くから知られ、古代バビロニアの境界石に弓をひきしぼる人物が描かれています。九月初旬の夜八時に南中します。

神話によると、ケンタウロスという馬人族の一人で、医者の神アスクレピオス、怪力ヘラクレス、アキレス腱でおなじみの英雄アキレウスなどを教育した、賢人ケイロンといいます。

天の川の見掛けの燦えを原因した　高みの風の一列は　射手のこっちで一つの邪気をそらに吐く　それだけではない蠍には　西蔵魔神の大きな布呂が　もうまっ黒に吸ひついて　そこらの星をかくすのだ（宮沢賢治／夏夜狂燥）

南斗六星《なんとろくせい》

射手座の目印になっているζ、τ、σ、φ、λ、μの六つの星の中国名。北斗七星に対してつけられた名で、北斗は死をつかさどり、南斗は寿命をつかさどる神と信じられています。斗（ひしゃく）を小さくした形をしているため、中国ではここを**斗宿《としゅく》**といいます。

一方、ヨーロッパでは、南斗六星をミルキー・ウェイ（天の川）をすくうスプーン、あるいは赤ちゃんにミルクを飲ませるための柄の短いスプーンに見立て、**ミルク・ディパー**と呼んでいます。

斗宿　ミルク・ディパー

射手座

南斗六星

南の舵星《みなみのかじぼし》

和船の舵に見立てた南斗六星の和名です。北斗七星と区別するため、能登地方などで「北の大舵、南の小舵」とか、「北の舵星、南の舵星」と呼ぶそうです。

箕星《みぼし》

南斗六星の南にあるγ、δ、ε、ηの四星の和名です。穀物をふるって、殻やちりなどを分ける農具に見立てたものです。

鼻ひるは箕ぼしかすずし飛ぶ蛍(長祐)

対岸の蠍をねらう射手

6. 秋の星の章

秋の星空

10月初旬　23時
10月中旬　22時
11月初旬　21時
11月中旬　20時

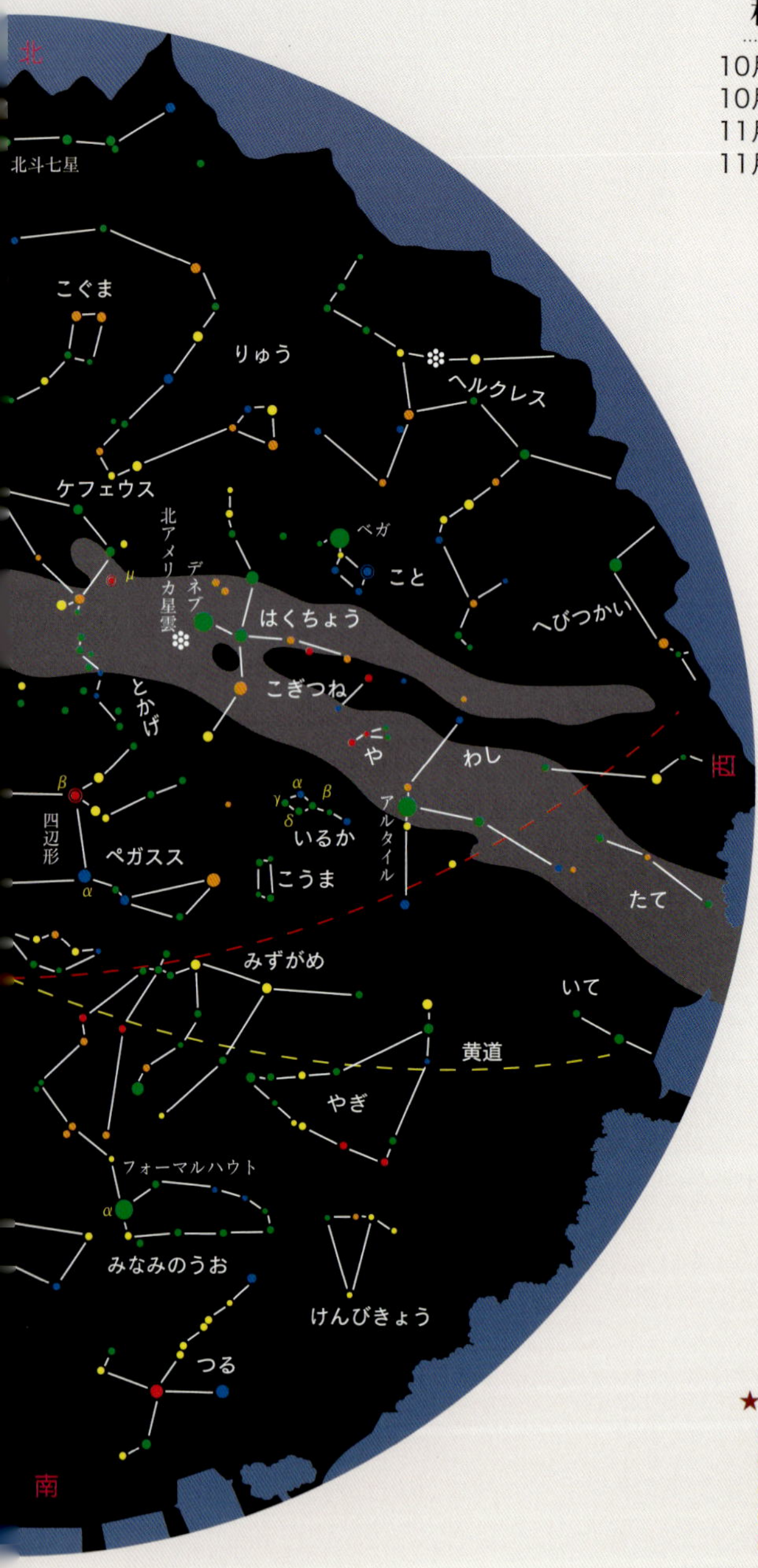

★星のスペクトル
- O型とB型
- A型とF型
- G型
- K型
- M型

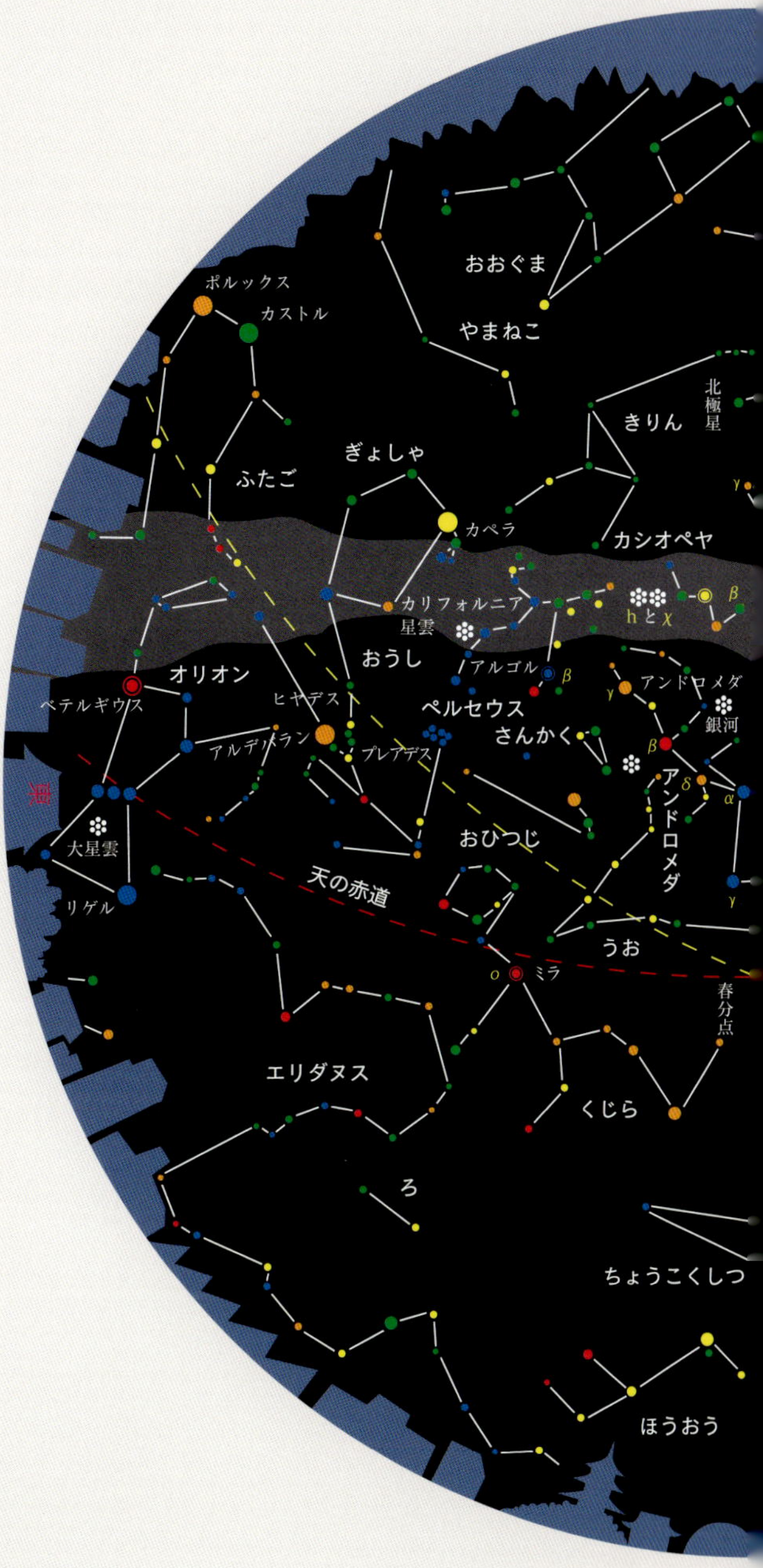

● 1等星以上
● 2等星
● 3等星
● 4等星
● 5等星
◉ 変光星
❉ 星雲・星団

海豚座と山羊座

梭星　ヨブの柩

海豚座《いるかざ》

鷲座の東に位置する小さな星座で、四つの星がかわいらしい菱形を描いています。九月下旬の夜八時ごろ南の空に見えます。

神話によると、シチリア島の音楽コンクールで優勝した音楽家アリオンは、帰りの船で船長たちに襲われ、賞金を奪われたうえ海へ飛びこめと脅されました。覚悟を決めたアリオンは、琴を奏で最後の歌を歌うと海に飛びこみましたが、音色に聞きほれて集まったイルカに助けられました。そのうちの一頭がこの海豚といいます。

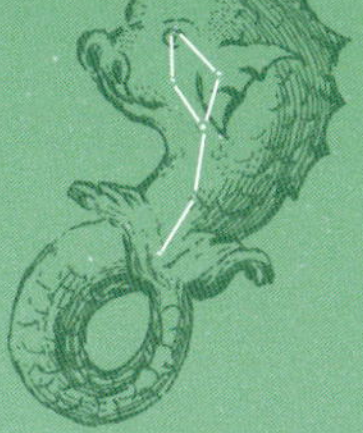

菱星《ひしぼし》

海豚座のα、β、γ、δの四星で描く菱形についた呼び名です。小さな菱形は、機を織るときに使う梭を連想させ、九州地方などでは**梭星**《ひぼし》といいます。七夕の二星に隣接することから生まれました。ヨーロッパでは、この菱形を**ヨブの柩**《ひつぎ》と呼ぶそうですが、旧約聖書の人物とどう結びつくのか、はっきりしません。

山羊座《やぎざ》

九月下旬の夜八時ごろ南の空に見える星座で、三等以下の星ぼしで逆三角形をつくっています。黄道第一〇番目の星座ですが、星座絵では上半身は山羊、下半身は魚に描かれています。

古代バビロニアの時代、冬至点はこの星座にあり、南へ下がりきった太陽は冬至点を境にふたたび北上していきます。そのようすが岩山を登る山羊を連想させました。加えて、当時の太陽がここにかかるころ、バビロニアは雨季をむかえ、ユーフラテス川の氾濫をもたらす季節であったため、魚と山羊が一緒になったといいます。

神話によると、この山羊は森と羊と羊飼いの神パーンといわれています。

水瓶座《みずがめざ》

黄道第一一番目の星座で、十月下旬の夜八時ごろ南の空にやってきます。水瓶を担ぐ少年をかたどった星座で、水瓶のところで四個の四等星が「三つ矢」の形を描いています。

神話によるとこの少年は、トロイのイーダ山で羊を飼っていたガニュメデスという美少年といいます。

南魚座《みなみのうおざ》

一等星フォーマルハウトを含む星座で、一〇個ほどの星でつぶれた饅頭のような形を描いています。十月中旬の夜八時ごろ南の低空に見えます。

神話によると、テュポンという半人半蛇の怪物に襲われた愛と美の女神アフロディテは、とっさに魚の姿になってナイル川に飛びこみ、難を逃れたといいます。

フォーマルハウト

南魚座**α**星の固有名で、アラビア語のフム・アル・フート（魚の口）からきた呼び名です。秋の夜空のただ一つの一等星です。

南の一つ星《みなみのひとつぼし》

この季節は夜空も物悲しく、付近に明るい星がありません。一つだけ寂しげに光っているところからついたフォーマルハウトの和名です。静岡県の焼津などで呼ばれるそうですが、はっきりと確認はされていません。東北には**秋星**《あきぼし》という名があるといいます。

水瓶座と南魚座

北落師門《ほくらくしもん》

フォーマルハウトの中国名。シルクロードの起点とされる中国陝西《せんせい》省の西安は、その昔、長安といわれていました。北落師門は、その古都の北門の名に由来します。

古くは北落師門が微かなときは軍が亡びるといい、この星を兵の星に見ていました。

狂風 古月《くらきつき》を吹き　窈かに弄す章華台。北落の明星光彩を動かし　南征の猛将は雷雲に如《に》たり（李白／司馬将軍の歌）

南アルプスのフォーマルハウト

魚座《うおざ》

黄道第十二番目の星座で、十一月下旬の夜八時ごろ南の空高く見えます。ペガススの四辺形の東（左）と南（右）で、L字に星が並んでいます。星座絵では、二匹の魚がリボンのようなひもで結ばれています。ペガススの四辺形の東側を「北の魚」、南側を「西の魚」といいます。

西の魚

ペガスス座

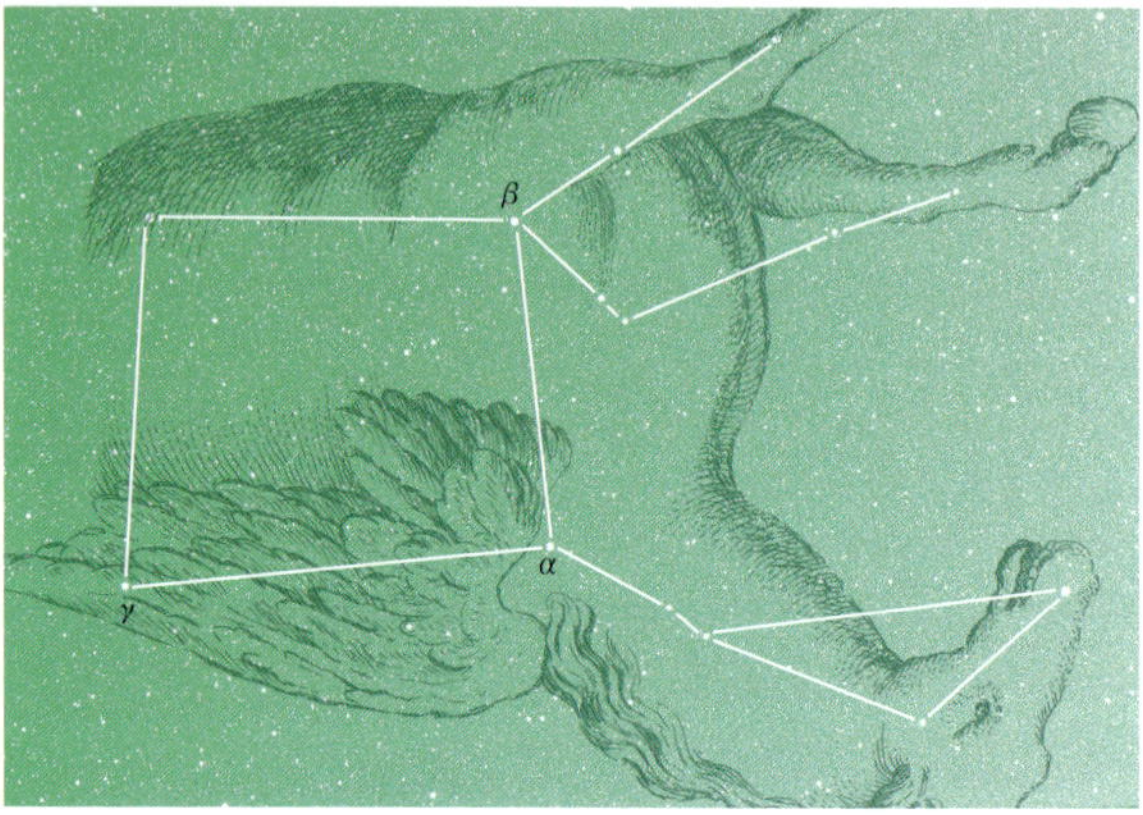

ペガスス座《ペガススざ》

天馬をかたどった星座で、胴体にあたる四つの星が目印になります。十月下旬の夜八時ごろほぼ頭の真上にやってきます。

神話によると、勇士ペルセウスが女怪メドゥサの首を切り落としたとき、ほとばしる血の中から生まれたのがペガススといわれています。

四星　四隅星
秋の四辺形
ペガススの四辺形

桝形星《ますがたぼし》

天馬の胴体にあたる四星の和名です。正確にはペガスス座α星、β星、γ星と、アンドロメダ座α星をさします。その形から**四星**《しぼし》、**四隅星**《よつまほし》の呼び名もあります。

この四辺形は、一辺の長さがそれぞれ約一五度もある大きなもので、秋に見えるので**秋**《あき》**の四辺形**《しへんけい》といい、英語では、ザ・グレート・スクウェアー・オブ・ペガスス（**ペガススの四辺形**《しへんけい》）と呼ばれています。

鯨座《くじらざ》

十二月中旬の夜八時ごろ南の空に見える星座で、鯨の頭にあたる星がいびつな五角形を描いています。

神話によるとこの鯨は、アンドロメダ姫をひと飲みにしようとしたティアマトという海の怪物で、北氷洋に群棲するセイウチのような姿に描かれています。

上る鯨座

ミラ

鯨座o星のラテン名で、ステラ・ミラ（不思議な星）からきた呼び名です。ミラはおよそ三三二日の周期で二・〇等星から一〇・一等星まで明るさを変える変光星で、鯨の心臓のところに光っています。

この星は変光星発見の第一号で、ドイツの牧師でアマチュア天文家のダビト・ファブリチウスが、一五九六年八月十三日の夜明け前、水星を観測しているときにミラの変光に気づいたものです。

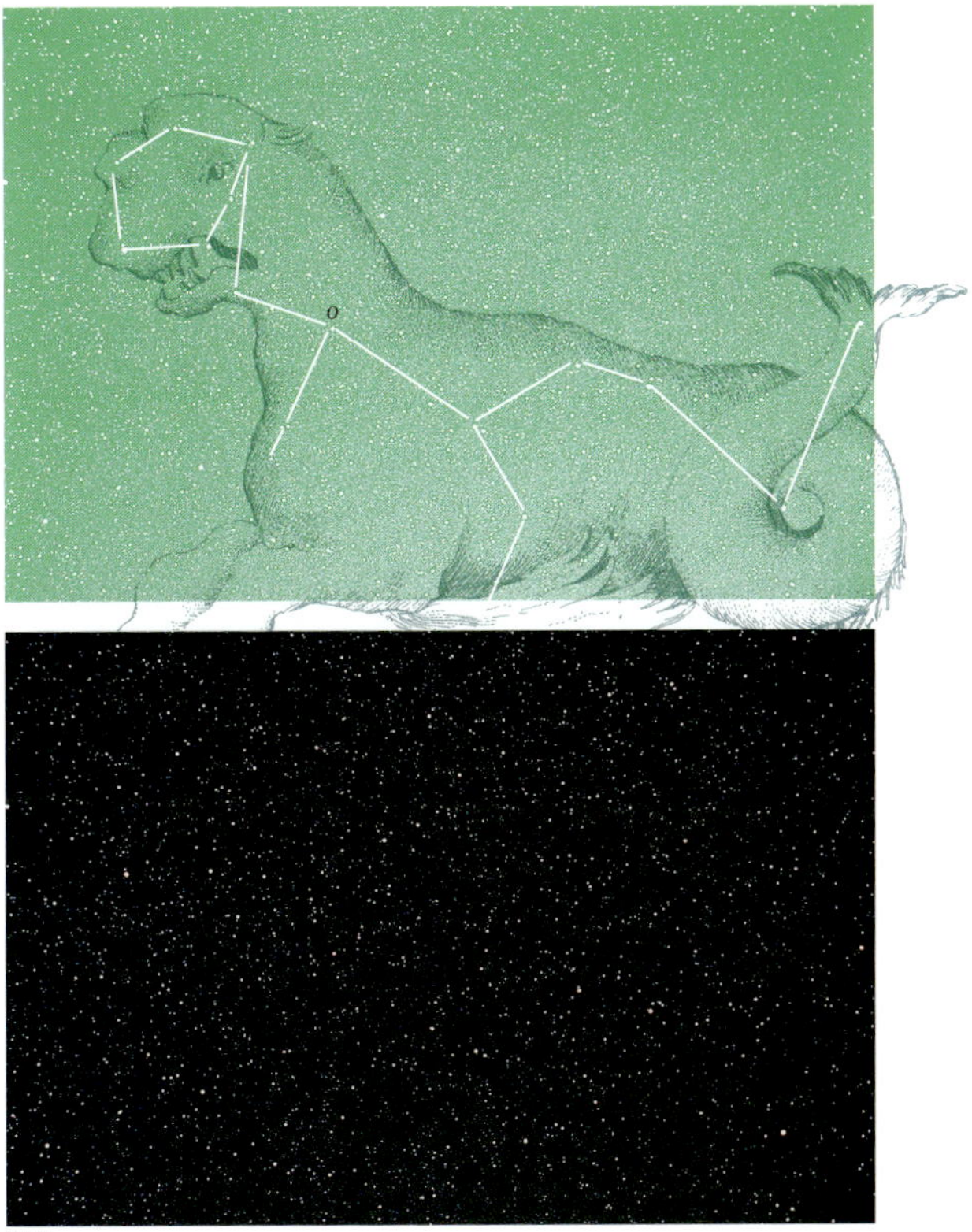

鯨座

アンドロメダ座と三角座

アンドロメダ座《アンドロメダざ》

古代エチオピアの王女をかたどった星座で、ペガススの四辺形の北東の星から、さらに北東に星がV字形に並んでいます。十一月下旬の夜八時ごろ、北の空高く見えます。

神話では、母のカシオペヤが器量自慢をしたため海の神の怒りをかい、自ら化け鯨のいけにえになることを覚悟しました。危機一髪というとき、通りかかったペルセウスに助けられたといいます。

アンドロメダへ冬梁《うつばり》の軋むかな（加藤楸邨《しゅうそん》）

斗掻き星《とかきぼし》

ほぼ直線に並んだアンドロメダ座α、β、γ、δの四つの星の和名です。ペガススの四辺形をマスの形に見ると、四つの星の直線は、マスに盛った穀物を縁にそって平らにならす斗掻きに見ることができます。乾物屋さんでよく見かけた光景です。また、桝形星に斗掻き星を加え、大きなひしゃくに見ている地方もあります。

斗掻き星（左上）

アルフェラッツ

アンドロメダ座α星の固有名。アラビア語のアル・スラト・アル・フェラス（馬の臍）からきた呼び名です。王女の頭にあたる星なのに馬の臍なのは、かつてペガスス座と共用されていたためです。

奎宿《けいしゅく》

アンドロメダ王女の上半身と、魚座北部の星でつくる六角形の中国名です。二十八宿の一つで、奎は豚をさします。

古代エチオピア王家の想い出

三角座《さんかくざ》

アンドロメダ王女の足もとに見える小さな星座で、三つの星で細長い三角形を描いています。

ギリシアでは古くから、ギリシア文字のΔに似ているところから**デルトトン**（デルタ座）といい、エジプトでは、ナイル河の三角州に見立て**ナイル河《がわ》のデルタ**とか、**ナイルの家《いえ》**と呼んでいたといいます。

十二月中旬の夜八時ごろ、ほぼ頭の真上に見えます。

デルトトン
ナイル河のデルタ
ナイルの家

三角座

アンドロメダ銀河《アンドロメダぎんが》

王女の腰のあたりにある有名な小宇宙です。銀河系と同じ恒星の大集団で、渦巻き型をしています。距離は二三〇万光年で銀河系の外にありますが、銀河系の中にあるガス星雲と区別するため、以前は**アンドロメダ大星雲**と呼んでいました。

光度は約四等で、見かけの大きさは満月の五倍ほどもあります。空の澄んだところでは、肉眼でも淡く見ることができます。

アンドロメダ大星雲

アンドロメダ銀河

牡羊座

牡羊座《おひつじざ》

十二月下旬の夜八時ごろ頭の真上近くにやってくる星座で、三角座の南で小さなゆがんだ三角形を描いています。

黄道第一番目の星座として知られていますが、現在は歳差という地球の首振り運動のため、春分点は西隣りの魚座に移っています。それでも当時の名残で、春分点のことをいまだに「白羊宮の原点」といって、羊の頭をかたどった「♈」のマークであらわしています。

神話によるとこの羊は、大神ゼウスが飼っていた空飛ぶ金毛の羊といわれています。

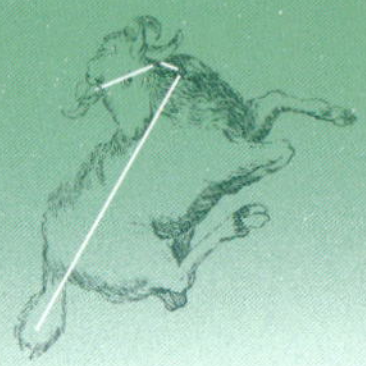

ペルセウス座《ペルセウスざ》

ギリシア神話の勇士ペルセウスをかたどった星座で、一月初旬の夜八時に北天高く見えます。漢字の「人」に似た星列が目印。

β星は有名な**食変光星**《しょくへんこうせい》で、二日二〇時間四八分二九秒の周期で二・二等から三・五等まで明るさを変えます。光度の違う二つの星が巡り合っているため変光するわけですが、その名を**アルゴル**（悪魔）といいます。アラビア語のラス・アルグル（悪魔の頭）からきた名前で、ペルセウスが退治した女怪メドゥサの頭のところで光っています。

食変光星 アルゴル

ペルセウス座

hとχ

ペルセウス座カリフォルニア星雲と牡牛座プレアデス星団

hとχ《エイチとカイ》

ペルセウス座にある、二つ並んだ星の群れのこと。hは三五〇個、χには三〇〇個の星が集まっていて、二つの散開星団の間隔はわずか〇・五度しかありません。昔、星に記号をつけていたドイツのバイエルは、恒星とみなして西側をh、東側をχと名づけました。この名がいまだに使われています。

カシオペヤと北極星

カシオペヤ座

カシオペヤ座《カシオペヤざ》

古代エチオピア王妃をかたどった星座で、五つの星がW字形に並んでいます。周極星として一年中北の空に見えますが、十二月初旬の夜八時ごろ、北の空高くなります。神話では、アンドロメダ姫の母にあたります。

カシオペイヤ、もう水仙が咲き出すぞ。おまへのガラスの水車、きっきとまはせ(宮沢賢治／水仙月の四日)

ラコニアの鍵《ラコニアのかぎ》

カシオペヤ座のギリシア古名。ギリシア南部の国ラコニアでは、W字形を鍵の形に見立て、国の名で呼びました。鍵はこの地の発明ともいわれます。秋の彼岸が近づくころ、宵の北天には北極星を真ん中に右にカシオペヤ、左に逆さになった北斗七星が並びます。この北斗七星を鍵に見立て、群馬地方では**土蔵《どぞう》の鍵《かぎ》**と呼んでいます。

土蔵の鍵

ヘナで染めた手《ヘナでそめたて》

カシオペヤ座のアラビア古名。ヘナは、古くから黄色の染料や顔料として使われたミソハギ科の灌木ですが、ここではマニキュアの顔料をさします。すなわち爪を赤く染めた、アラビア女性の五本の指に見立てたものです。β星をアラビア名で**カフ**（手）と呼ぶのは、アル・カフ・アル・カディブ（染めた手）からきているからです。

カフ

森の錨星

五曜《ごよう》

カシオペヤ座の和名で、北斗七星の七曜に対してつけられたものです。日・月をのぞいた火星、水星、木星、金星、土星の五惑星を、中国で古来説かれてきた五行説の木・火・土・金・水の五つの元気に見立てた呼び名です。

錨星《いかりぼし》

カシオペヤ座の和名で、W字形を船の錨に見たものです。北の空をめぐるカシオペヤ座は、北極星の上に舞い上がるとWがMになります。このときの形から、**山形星**《やまがたぼし》の呼び名もあります。
そのほか**弓星**《ゆみぼし》、**蝶子星**《ちょうこぼし》、**角違い星**《かどちがいぼし》の呼び名も、形を言い表しています。

碇《いかり》星そこを通れる雁の声（山口誓子）

山形星　弓星
蝶子星　角違い星

ティコの星《ティコのほし》

カシオペヤ座に出現した**超新星**《ちょうしんせい》の名前。
一五七二年十一月十一日、W字形の近くに白昼でも見える星があらわれました。当時は**巡礼の星**《じゅんれいのほし》と呼ばれたそうですが、デンマークの天文学者ティコ・ブラーエが一年半も詳しく観測したことから、ティコの星と呼ばれるようになりました。現在では星は見えませんが、強い電波が放射されており、**カシオペヤ座B**《ざビー》と名づけられています。
のちにドイツの天文学者ケプラーは、この超新星がキリスト生誕を予言した**ベツレヘムの星**《ほし》であろうと推論しました。しかし承認はされませんでした。ベツレヘムは、キリストの誕生地とされるパレスチナの村で、エルサレムの南西約八キロにあります。

超新星　巡礼の星　カシオペヤ座B
ベツレヘムの星

ケフェウス座と北極星

ケフェウス座《ケフェウスざ》

古代エチオピアの国王をかたどった星座で、とんがり屋根のような五角形を描いています。周極星としてほぼ一年中北の空に見えますが、十月中旬の夜八時ごろ、北天高くなります。神話では、アンドロメダ姫の父にあたります。

ガーネット・スター

ケフェウス座μ星の英名。天王星を発見したイギリスのウィリアム・ハーシェルは、この星が異常に赤味を帯びているところから、ガーネット・スター（**柘榴石星**《ざくろいしぼし》）と名づけました。この星は、三・六等から五・一等まで明るさを変える変光星で、一〇〇〇光年の距離にあります。表面温度は二〇〇〇度以下という低さで、図体は太陽の一五〇〇倍もあることがわかっています。

柘榴石星

備前の箕《びぜんのみ》

ケフェウス座の和名。五角形をしたケフェウス座を、農具の箕に見立てたものです。香川県では、備前（岡山）の方向にこの星座が見えると、七夕が近いといいます。

ガーネット・スター

冬の星空

1月初旬 23時
1月中旬 22時
2月初旬 21時
2月中旬 20時

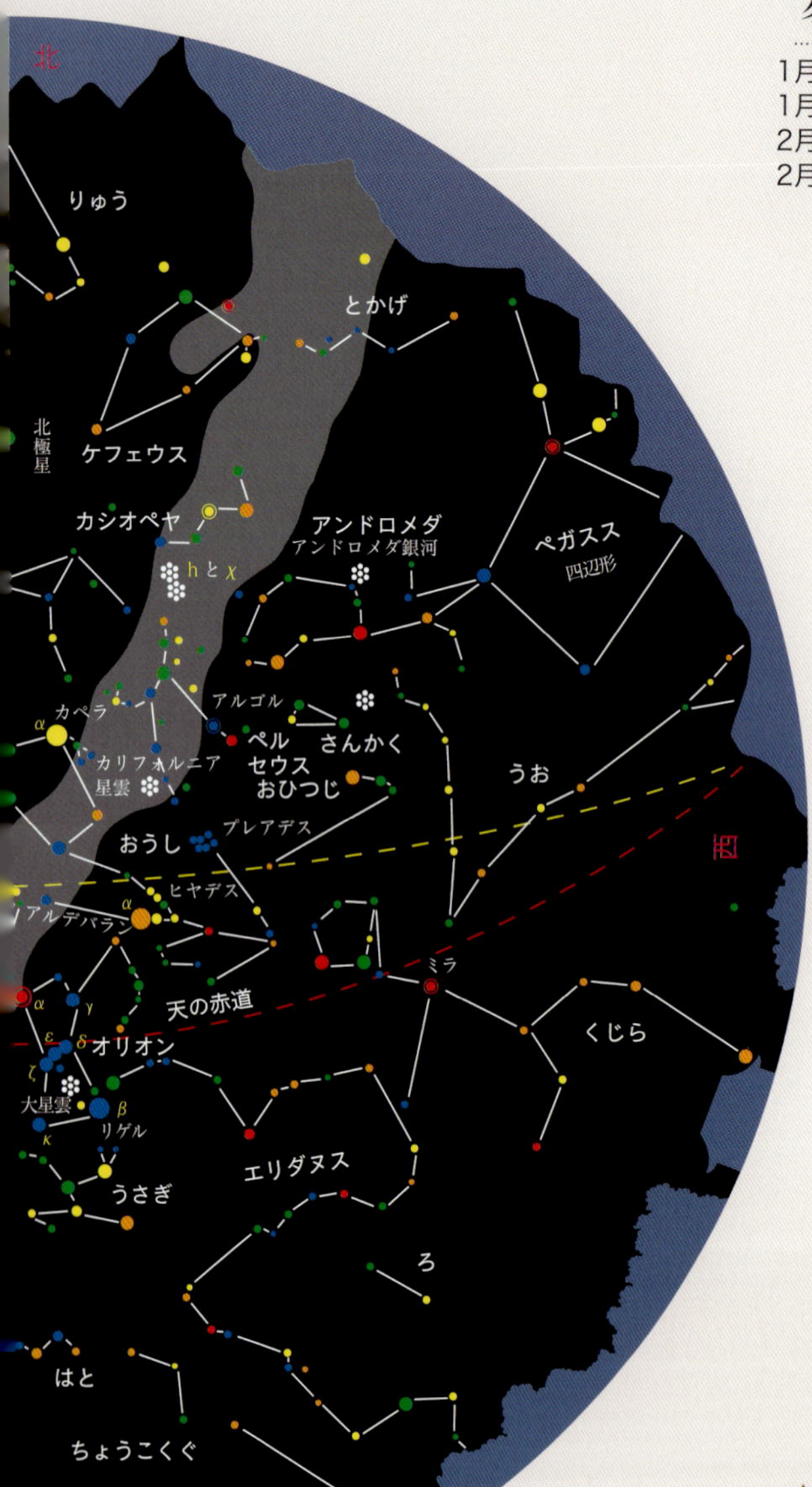

★星のスペクトル
- O型とB型
- A型とF型
- G型
- K型
- M型

1等星以上
2等星
3等星
4等星
5等星
変光星
星雲・星団

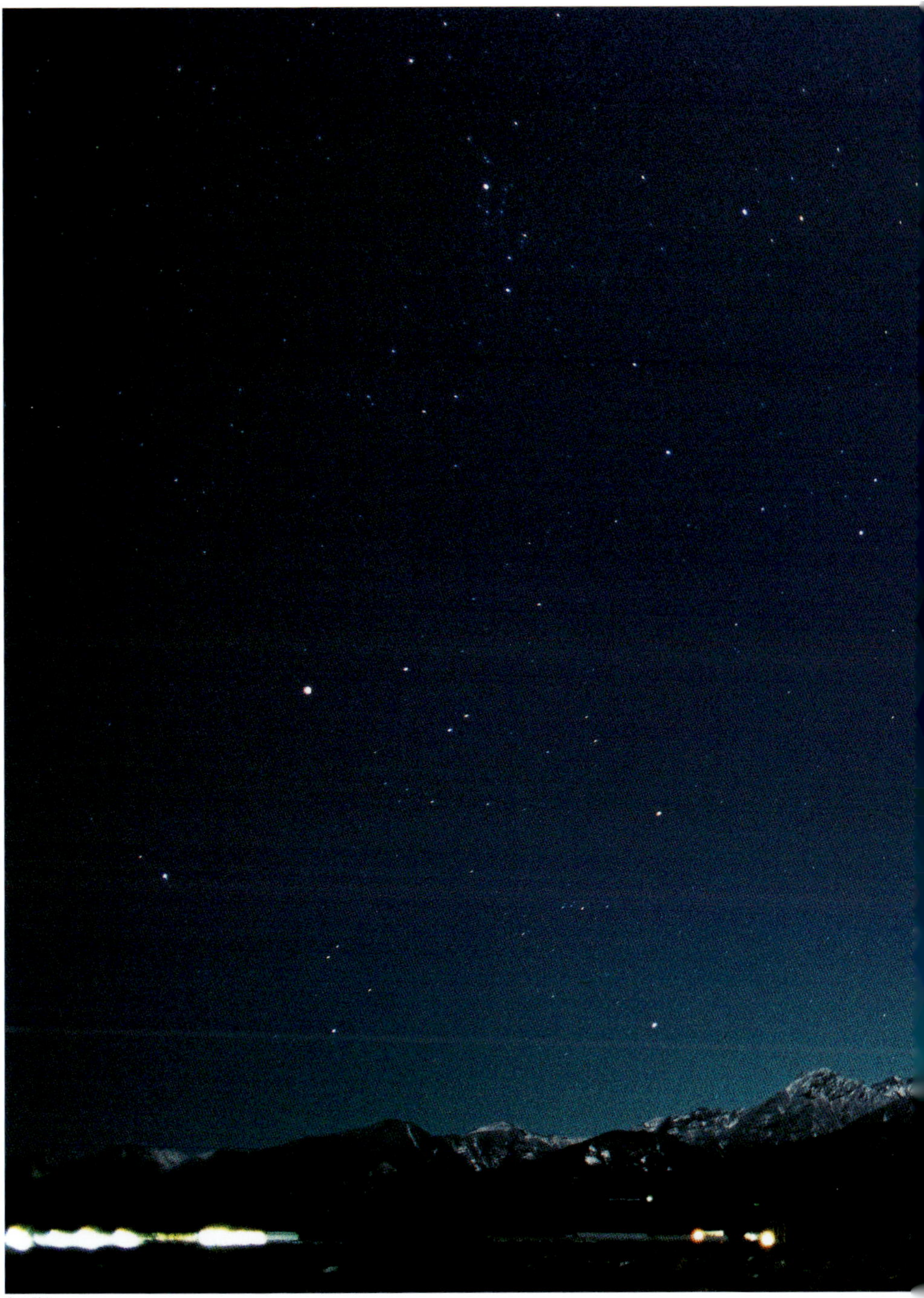
冬の訪れ

牡牛座《おうしざ》

冬の代表的星座の一つで、牡牛の顔をつくる星ぼしでV字形を描いています。黄道第二番目の星座として古くから知られ、一月下旬の夜八時ごろほぼ頭の真上に見えます。

神話によると、フェニキアの王女エウロペを見初めた大神ゼウスは、雪のように真っ白な牛になって王女に近づき、王女を背中に乗せるとクレタ島に連れて行きました。それからこの地を王女の名にちなみ、ヨーロッパと呼ぶようになったといいます。

牡牛座

アルデバラン

牡牛座α星（一等星）の固有名。アラビア語のアル・ダバラン（後に続くもの）からきた名で、プレアデス星団の後から上るところからついたものです。

面白いことに東北地方でも、この星を**すばるの後星**《あとぼし》と呼んでいます。星座絵では、牡牛の目のところに光るところから、英語で**ブルズ・アイ**（牛の目）といいます。

すばるの後星
ブルズ・アイ

プレアデス星団《プレアデスせいだん》

牡牛の肩先に見える散開星団で、肉眼で六個の星が天空の片隅に集まっているように見えます。実際には一二〇個の若い星の群れで、四一〇光年の距離にあります。

「澄んだ闇の空をのぼって来て、銀糸にからみつけた蛍の一むれのやうにちらつく」と、テニスンが形容したように、冴え渡る冬の夜、双眼鏡を向けると、明滅する星ぼしを視野いっぱいに見ることができます。

神話では、天を担ぐアトラスの七人姉妹といわれ、個々の星には**ケラエノ**、**エレクトラ**、**タイゲタ**、**マイア**、**ステロペ**、**メロペ**、**アルキオネ**、という名がついています。(153)

アトラスの娘たちプレイアデス昇りつつあらば、収穫を始め、沈まんとする頃は耕作を始めよ。四〇の夜と昼、彼女らは隠れ、年のめぐるにつれて復たも現わる。その時はまず大鎌を磨ぐべし。これ野の掟なり
（ヘシオドス／農作と日々）

ケラエノ　エレクトラ　タイゲタ　マイア
ステロペ　メロペ　アルキオネ

消えたプレヤード《きえたプレヤード》

神話によると、プレアデスは七人姉妹になっていますが、肉眼では六個しか見えません。それは七人の一人メロペが、自分だけ人間の妻になったことを恥じて姿を消したためとか、わが子ダルダノスが創建したトロイの街が崩壊するのをなげき悲しみ、母エレクトラが彗星となって姿を消したためといいます。

それ以来、残った六人の姉妹が泣きぬれているので、よく見えません。星団が青白くぼやけているのはそのためといいます。この消えた星を、「消えたプレヤード」といいます。

昴

昴《すばる》

片仮名でスバルと書くと外来語のように思えますが、古くから知られた牡牛座プレアデス星団の和名です。

集まって一つになるという意味から統《す》ばるといい、糸でつないだ球飾りの名として、『古事記』や『万葉集』に、五百津之美須麻流之珠《いおつのみすまるのたま》とか須売流玉《すまるのたま》などと記されています。

すばるがプレアデス星団の名として初めて登場するのは、平安中期の歌人で三十六歌仙の一人、源順《みなもとのしたごう》が、勤子内親王《いそこないしんのう》の命により撰進した『和名類聚抄《わみょうるいじゅうしょう》』といいますから、承平四年（九三四）ごろのことです。

星はすばる。ひこぼし。ゆふづつ。よばひ星、すこしおかし。尾だになからましかば、まいて(清少納言／枕草子)

馬の背にいかなる淵のあるやらんひろき空にもすばる星かな(前大納言為家)

月は東にすばるは西にいとし殿御はまん中に(丹後の俗謡)

ふかき海にかがまる海老のあるからに　ひろき空にもすばる星かな(為家と西行の連歌)

一升星《いっしょうぼし》

長野や山梨地方で、星が一升マスにあふれるほど群がっているところからついた、プレアデス星団の和名です。一升マスといえば、そばまきの時期をすばるで言い表した、「すばる満時粉八合《まんどきこなはちごう》」という俚諺があります。

満時とは、午《うま》時の訛りで南中のことをいい、すばるが夜明け前に真南にやってくる二百十日ごろの七つ時（九月一日ごろの夜明けの四時前後）にそばをまくと、もっとも実りが多くなることを言い表したものです。粉八合とは、一升の種そばで八合の粉が挽けることを意味します。

同じようにすばるで時刻、麦まきの時期を言い表したものに、「すばる満時夜が明ける」、「すばるの山入り麦まきのしゅん」、などがあります。

六連星《むつらぼし》

肉眼で六つの星が見えるところからついた、プレアデス星団の和名です。六つの星の印象を地方によっては**むづら**、**六星《むつぼし》**、**六神《むつがみ》**、**六連珠《ろくれんじゅ》**、**六地蔵《ろくじぞう》**、**六曜《ろくよう》**などの名で呼んでいます。冬の夜空の片隅で、小さな星が寄りそうように集まる姿は愛らしく、ほかにも、なるほどと思う和名があります。

星が一カ所に集まっているところからついた**群《むら》がり星《ぼし》**、**寄《よ》り合《あ》い星《ぼし》**、**鈴《すず》なり星《ぼし》**、**ごちゃごちゃ星《ぼし》**、一方、六つの星を羽子板の形に見た**羽子板星《はごいたぼし》**という呼び名もあります。

むづら　六星　六神　六連珠　六地蔵　六曜
群がり星　寄り合い星　鈴なり星　ごちゃごちゃ星　羽子板星

草星《くさぼし》

これもプレアデス星団の和名で、東北地方などでは**お草星《くさぼし》**と呼ばれていますが、意味ははっきりしません。灸のもぐさ、それとも雑草が一カ所に生えたものをいったものでしょうか。

出たよ、草星、おらちゃんと見てた、背戸のよこっちょの川岸でよ、出たね、あの晩、やなぎの絮《わた》の、ふはりふはりが白かったよ（北原白秋／宵）

お草星

プレアデスとヒヤデス

星の入り東風《ほしのいりごち》

夜明け前、すばるが西に沈むころ吹く東風という意味で、陰暦十月中旬の北東風をいいます。近畿、中国地方で使われますが、静岡県の田方郡などでは、すばるが西山に沈むころ、海が凪いでもっとも静かになるところから、**入《い》りあい凪《なぎ》**と呼んでいます。

入りあい凪

ヒヤデス星団《ヒヤデスせいだん》

牡牛の顔の部分にあたる、V字形をした星の群れをさします。一〇〇個の星が集まっていますが、肉眼では六個ほど数えられます。神話によると、プレアデスの七人姉妹とは異母姉妹にあたり、ヒヤデスも七人姉妹と伝えられています。

釣鐘星《つりがねぼし》

ヒヤデス星団の和名で、V字形に並んだ星を釣鐘の形に見たものです。

そのほかにも形からきた呼び名としては、**撞《つ》き鐘星《がねぼし》**、**苞星《つとぼし》**、**扇子《せんす》星《ほし》**、**馬《うま》の面星《つらぼし》**などがあります。なお苞星は、すばるにもある呼び名です。

撞き鐘星　苞星　扇子星　馬の面星

雨降りヒヤデス《あめふりヒヤデス》

洋の東西を問わず、古くからヒヤデスを雨に関連のある星と見ていました。ヒヤデスには「雨を降らせる女」という意味があります。昔、日の出のとき、太陽とヒヤデス星団が同時に上るころ雨季を迎えたためとか、ギリシア語のヒュエイン（雨降り）に似ていたからといいます。

一方中国では、このあたりを**畢宿《ひっしゅく》**といいました。畢は兎を捕らえる網のことで、V字形を畢に見立てたものです。この星は天気占いに使われ、『詩経』に「月畢にかかりて滂沱たらしむ（月がヒヤデス星団にかかると雨が降る）」という詩句が伝えられています。日本での畢宿の読みは、「あめふりほし」といいます。

畢宿

傾くヒヤデスとプレアデス

駅車と牡牛

馭者座《きょしゃざ》

二月中旬の夜八時ごろ頭の真上近くに見える星座で、明るい五つの星で五角形を描いています。その形から、日本では**五角星**《ごかくぼし》とか**五つ星**《いつぼし》、中国では**五車**《ごしゃ》と呼ばれています。
神話によるとこの馭者は、鍛冶の神の息子エリクトニウスといいます。彼は足が不自由でしたが、四輪の馬車を発明しその功績でアテネの王になり、天に上げられて星座になったといいます。

五角星
五つ星
五車

上る馭者座

すまるの相手星《すまるのあいてぼし》

カペラの和名。冬の夕暮れ、北東の空にカペラとすばるが、ほとんど同時に上るところからついた呼び名です。壱岐島ではイカ漁に出てすばるが見えないとき、この星で方角を知るといいます。黄色の光輝鋭いカペラと、青味がかった淡いすばるの対比が印象的です。
また敦賀・若狭・富山などでは、カペラの上る方角から**能登星**《のとぼし》、**佐渡星**《さどぼし》と呼ばれています。

能登星　佐渡星

カペラ

馭者座**α**星の固有名。ラテン語のカプラからきたもので、雌の子山羊を意味します。四〇光年の距離にある一等星で、星座絵では、馭者が抱えた雌の子山羊のところで光ります。

オリオン座《オリオンざ》

……戦争の間ぢゅう私はかの女を銃眼から見ていた　ツェペリンが巴里を攻撃する時にはいつもオリオンの中からやってきた　今日かの女は私の頭の真上にいる……

（サンドラルス〈堀口大学訳〉）

一等星二つ、二等星五つを含む冬の代表的星座です。雄大で星の配列が美しいところから、**冬空《ふゆぞら》の王者《おうじゃ》**と呼ばれています。もっとも見つけやすい星座で、二月初旬の夜八時ごろ、南の空に燦然と輝いて見えます。

冬空の王者

すばらしい星座ですが、神話はいただけません。狩人オリオンは強いことを自慢したため、神の怒りにふれ、大地の神ガイアは一匹のさそりをつかわし、オリオンを刺し殺したといいます。

我は見ぬ、夜ごと臥床《ふしど》に入る前　つたかずらまつわる窓より　大オリオン遅々として西空に沈みゆくを（テニスン／ロックスリー館）

上るオリオン座

鼓星

鼓星《つづみぼし》

オリオン座は、斜め一文字に並ぶ三つの星（δ星、ε星、ζ星）と、それを取り囲む四つの星（α星、β星、γ星、κ星）がとくに眼を引きます。これを鼓の形に見立てた呼び名です。

三つの星を三つ星、四つの星を**四《よ》つ星《ぼし》**ともいいます。

四つ星

リゲル

オリオン座β星の固有名。アラビア語のリジル・アル・ジャウザ（巨人の左足）からきた呼び名です。青白色の一等星で、八〇〇光年の距離にあります。

平家星・源氏星《へいけぼし・げんじぼし》

ベテルギウスとリゲルの和名です。岐阜県揖斐郡の山村では、赤色のベテルギウスを平家の赤旗、青白色のリゲルを源氏の白旗に見立てたといいます。

また、ベテルギウスとリゲルを三つ星の脇役に見て、福井県などでは**脇星《わきぼし》**、**唐鋤《からすき》の相手《あいて》**などと呼ぶそうです。

脇星　唐鋤の相手

ベテルギウス

オリオン座α星の固有名。アラビア語のイブト・アル・ジャウザ（白い帯をした羊のわきの下）からきたものです。古くは三つ星を白い帯をした羊、α星とβ星を羊飼いに見ていました。のちに羊飼いが神話のオリオン（巨人）になり、巨人のわきの下という意味になったものです。

ベテルギウスは五〇〇光年の距離にある赤色超巨星で、太陽の直径の七〇〇倍から一〇〇〇倍までの間で、ふくらんだり縮んだりしています。そのたびに明るさも〇・四等から一・三等まで変化します。

三つ星《みつぼし》

斜め一文字に並ぶδ、ε、ζの三つの星の和名で、全国的に三つ星の名で呼ばれています。狩人オリオンのベルトにあたります。

「三《み》つ星《ぼし》まっ昼《びる》粉《こな》八合《はちごう》」は、すばると同様に、そばまきの時期を言い表したもので、まっ昼は満時と同じ南中をさします。目につく星を種まきの目安にした、素朴な俚言です。

静岡県富士郡では、夜明け前に三つ星が南中するころ（九月中旬過ぎ）にそばの種をまくと、一升の実から八合の粉がとれると言い伝えられています。

三つ星のひむがし空にのぼるなべ　夜頃おそしと稲積みかへる（島木赤彦）

三つ星と小三つ星（大星雲）

ミンタカ

オリオン座δ星の固有名。アラビア語のアル・ミンタカ・アル・ジャウザ（巨人の帯）からきたものです。三つ星の右の二等星で、一〇〇〇光年の距離にあります。

アルニラム

オリオン座ε星の固有名。アラビア語のアル・ニタム（真珠の糸）からきたもので、古くは三つ星全部の名前でした。三つ星の真ん中の二等星で、一四〇〇光年の距離にあります。

アルニタク

オリオン座ζ星の固有名。アラビア語のアル・ニタク（帯）からきたものです。三つ星の左の二等星で、一〇〇〇光年の距離にあります。

三光《さんこう》

オリオン座三つ星の和名。三光とは太陽、月、星をさしますが、冴えわたる寒空に三つ星が輝くようすを太陽、月、星に見立て、三つ星の呼び名になったものです。

そのほか三つ星の呼び名として、**三丁の星**《さんちょうのほし》、**三星様**《さんじょうさま》、**三大星**《さんだいしょう》、**三大師**《さんだいし》、**尺五星**《しゃくごぼし》、**算木星**《さんぎぼし》、**竹**《たけ》**の節**《ふし》、**竹継ぎ星**《たけつぎぼし》、**竿星**《さおぼし》、**稲架の間**《はざのま》、**かせ星**《ぼし》など数多くあります。

稲架は刈り取った稲を乾かすための稲かけ、かせは紡いだ糸を巻きとるI字形の道具をいいます。

お三大星さままたしゃんせ　わたしゃ夜ふけにひとりぽっち　待てというたら待たしゃんせ　かわいそうなら待たしゃんせ　身につまされて愚痴じゃない　連れてゆくならゆきゃしゃんせ　お三大星さま連れ衆づれ　わたしゃ焼野にひとりぽっち（野口雨情／お三大星さま）

三丁の星　三星様　三大星　三大師　尺五星　算木星

竹の節　竹継ぎ星　竿星　稲架の間　かせ星

土用三郎《どようさぶろう》

これもオリオン座三つ星の和名です。夏の土用に入って、夜明け前に三つ星が水平線から縦一文字に、一夜に一星ずつ現れるところから呼ばれています。観察眼の鋭さに感心させられる名前です。

ただし、一般的に土用三郎は、夏の土用の第三日目（現在の七月二十日ごろ）のことをさします。この日の天気で秋の農作物の豊凶を占い、快晴なら豊年、雨のときは凶年とします。

夜わたし

星の出入り《ほしのでいり》

陰暦十月中旬に吹く北東の風を、伊勢などでは星の出入りと呼びます。

一方、静岡県のある農村では、三つ星が夜明け前に沈むころ（十二月ごろ）、麦まきをしますが、これを星の出入りと呼ぶそうです。また別の農村では、三つ星が日没に上り、夜明け前に沈むことを、**夜**《よ》**わたし**と呼び、麦まきの目安にしています。

オリオンは高く歌う

小三つ星《こみつぼし》

三つ星のすぐ下に、c、θ、ιという小さな星が三つ縦に並んでいます。これを三つ星に対して小三つ星といいます。三つ星から比べると微かで、その印象から**小三星**《こさんじょう》、**影三星**《かげさんじょう》、**横三つ星**《よこみつぼし》、**三つ星のお供**《みつぼしのとも》、**隠居星**《いんきょぼし》、**真似星**《まねぼし》などとも呼ばれています。

なお、小三つ星の位置がオリオンの腰から下げた剣にあたるところから、ヨーロッパでは、**オリオンズ・スウォード**（オリオンの剣）といいます。

一世紀のローマの詩人マニリウス・ガイオスは、小三つ星を三つの宝玉として、「広い両肩に一つずつ、さんらんたる宝玉を輝かせ三つの宝玉は斜めに大剣を飾る」と歌っています。(170)

小三星　影三星
横三つ星
三つ星のお供
隠居星　真似星
オリオンズ・スウォード

唐鋤星《からすきぼし》

三つ星と小三つ星を併せた呼び名です。『く』の字に並んだ星の並びを、牛や馬にひかせて田畑を耕す農具に見立てたものです。**柄鋤星**、**犂星**《からすき》とも書きます。

いけぬるは犂ほしかむめの花（安原貞室《やすはらていしつ》）

柄鋤星　犂星

酒桝星《さかますぼし》

三つ星と小三つ星、それにη星を併せた和名です。正方形に短い柄のついたものを酒桝といい、三つ星と小三つ星などで見事にその形を描いています。

オリオン大星雲

オリオン大星雲《オリオンだいせいうん》

オリオン座三つ星の下（南）にある有名な星雲。月のない晴れた晩には肉眼でも淡く見えますが、双眼鏡を使うと、鳥が翼を広げたような姿が視野いっぱいに広がります。一三〇〇光年の距離にあり、実際の大きさも二五光年の広がりがあります。

緑の光線

大犬座《おおいぬざ》

シリウスを含む星座で、北東の二星とで犬の顔の三角形を描いています。ギリシアでは、古くからシリウスを犬の星と呼んでいたといいます。二月下旬の夜八時ごろ南の空に見えます。

神話はいろいろな説があり、足の速いレラプスという犬とか、狩人オリオンが連れていた犬とか、イカリオスの忠犬メーラなどといわれています。

大犬座

シリウス

マイナス一・五等星の大犬座α星の固有名。全天で一番明るく輝くところから、ギリシア語でセイリオス（焼き焦がすもの、輝くもの）と呼ばれました。

英語で**ドッグ・スター**（犬の星）はシリウスをさし、**ドッグ・デイズ**（犬の日）は土用、暑中を意味します。夏至のころシリウスと太陽が一緒に上り、夏の炎暑と疫病をもたらすためといいます。(176)

……亦の名をオーリーオーンの犬と呼ばれ、一番に燦々しい星ながらも、禍の星とされて、夥しい焼病の気をみじめたらしい人間にもたらすもの……

（ホメロス／イリアス〈呉茂一訳〉）

ドッグ・スター　ドッグ・デイズ

青星と星の群れ

絵の具星　大星

青星《あおぼし》

冬の夜空に三つ星の南東で輝くシリウスの光は、すさまじいほどです。青白い色が印象的なところからついた呼び名ですが、北風が強いときなどは、天のプリズムのように色を変えて見えることもあります。**絵《え》の具《ぐ》星《ぼし》**の呼び名は、端的にそれを表しています。

また、ひときわ明るく輝くところから、**大星《おおぼし》**の名もあります。

天狼《てんろう》

らんらんと光るシリウスを、狼の目にたとえた中国名です。大犬座β星を**野鶏《やけい》**といい、狼が鶏をねらっている姿ともいいます。

野鶏

おおなんと金牛の宮、天狼の星、熊の星、魂はなす手だてもない時間へ入りこむとき、なんという巨大な勝利の品々を形の定まらぬ空間へ置くことか!!

（ポール・ヴァレリー／秘めたる歌〈菱山修三訳〉）

アヌビス神《アヌビスしん》

古代エジプトでは、山犬の姿をした死者の守護神をアヌビスといい、シリウスをその神に見立てて崇めました。

この星がどれだけ重視されたかは、シリウスが日の出直前に上ってくる日を一年の始めと定めたり（紀元前三〇〇〇年ごろ）、その時期が雨季と重なり、ナイル川が増水して氾濫する前ぶれとして使われたことからわかります。

ナイルの民にとって、川の氾濫はなくてはならないものでした。上流からの肥沃な土を含んだ川の水が、両岸の田畑に天然の灌漑《かんがい》となったからです。

鞍掛け星　弧矢

三角星《さんかくぼし》

大犬の腰からしっぽにあたるδ星、ε星、η星の和名で、三つの星が描く直角三角形をいったものです。馬の背につける鞍に見立てた、**鞍《くら》掛《か》け星《ほし》**の呼び名もあります。

中国ではこのあたりを**弧《こ》矢《し》**といって弓と矢に見立て、シリウスを獲物の狼としています。

犬と狩人

ドッグ・スター

小犬座《こいぬざ》

冬の天の川のほとりにある星座で、一等星と三等星の二つの星が斜めに並んでいます。三月中旬の夜八時ごろ南の空に見えます。

神話によると、狩りの名人アクタイオンは五〇匹の猟犬を連れて鹿狩りに出たおり、女神アルテミスの水浴びを見てしまいました。怒った女神はアクタイオンを鹿の姿に変えたところ、五〇匹の犬は獲物と思い主人をかみ殺してしまいました。小犬座はそのうちの一匹の犬といわれます。

小犬座

プロキオン

小犬座**α**星の固有名で、ギリシア語のプロキオン（犬の先がけ）をラテン語化させたものです。シリウスより先に東の空に上ることを表しています。一等星で、一一光年の距離にあります。

色白《いろしろ》

プロキオンの和名。出雲地方では白く輝いているところから色白といい、シリウスを**南**《みなみ》**の色白**《いろしろ》と呼んでいます。

南の色白

冬の大三角《ふゆのだいさんかく》

オリオン座のベテルギウス、小犬座のプロキオン、それに大犬座のシリウスで描く三角形をいいます。三角形の中に**一角獣座**《いっかくじゅうざ》があり、天の川が横切っています。

一角獣座

冬の大三角

兎座《うさぎざ》

オリオン座のすぐ南にある小さな星座で、四つの星がゆがんだ四辺形を描いています。

神話によると、狩人オリオンが二匹の犬を連れて狩りに行き、獲物として持ち帰ったのが、この兎といわれています。

クリムズン・スター

兎座のR星についた英名です。この星は四二七日の周期で、五・五等から一一・七等まで明るさを変える変光星ですが、とても赤い色をしています。

一八四五年、イギリスのハインドは最初にこの星を見て、「まるで暗黒の視野の中にしたたり落ちる血のようだ」と感嘆の声をあげたところから、ハインドのクリムズン・スター（**深紅《しんく》の星《ほし》**）と呼ばれるようになりました。

深紅の星

狩人と兎

兎座

アルゴ座

アルゴ座《アルゴざ》

ギリシア神話に登場する快速船をかたどった星座です。船に乗りこんだ人たちをギリシア語でアルゴナウタイといい、イアソン隊長のほか、怪力ヘラクレス、双子のカストルとポルックス、たて琴の名人オルフェウスら、五〇人のアルゴナウタイによる冒険物語が伝えられています。

アルゴ座は東西に七五度、南北に六〇度も広がり、あまりに大きすぎるという理由で、近世になって**船尾座**《ともざ》、**竜骨座**《りゅうこつざ》、**羅針盤座**《らしんばんざ》、**帆座**《ほざ》の四星座に分割されました。一方インド、エジプトでもここを帆船に見ており、中東ではノアの箱船と考えていました。

船尾座
竜骨座
羅針盤座
帆座

カノープス

竜骨座α星の固有名。カノープスはトロイ戦争のとき、ギリシアのスパルタ軍の艦隊をみちびいた水先案内人です。

艦隊がアレキサンドリア近くの港に寄港したとき、カノープスが死んだため、スパルタのメネラオス王は彼の功績をたたえ、その港に彼の名をつけました。その後、その港で水平線近くに現れる星を、カノープスと呼ぶようになったといいます。

カノープスはシリウスに次いで、全天で二番目に明るい星として知られています。光度はマイナス〇・七等で、二五〇光年の距離にあります。

富士の右裾から顔を出したカノープス

南極老人星《なんきょくろうじんせい》

カノープスの中国名。かつて中国の都であった長安や洛陽で、この星が地上すれすれに見えるときを天下泰平の吉兆とし、この星を見ると長生きするとも伝えています。**老人星《ろうじんせい》**、**南極寿星《なんきょくじゅせい》**とも呼ばれます。

老人星　南極寿星

布良星《めらぼし》

カノープスの和名で、房総半島南端に近い布良《めら》という漁村の名がついたものです。

言い伝えによると、この星が海上すれすれにあらわれると、必ず暴風雨になるといい、時化《しけ》で死んだ漁師の魂が、仲間の漁師を呼んでいるのだといいます。

入定星《にゅうじょうぼし》

これもカノープスの和名です。昔、布良に近い横渚《よこすか》村で、西春という僧侶が入定したところからついた呼び名といいます。

西春は、「私は星になってあらわれるが、私を見たら必ず海が時化《しけ》るので船を出さないように」と、言い残したと伝えられています。

横着星《おうちゃくぼし》

カノープスの和名で、地平線すれすれにちょっと出て、すぐに沈んでしまうところからついたものです。

似たような名に、**無精星《ぶしょうぼし》**、**道楽星《どうらくぼし》**などがあります。

無精星　道楽星

ニセ十字《にせじゅうじ》

南十字星によく似た十字形の呼び名。帆座δ星とκ星、それに竜骨座ε星とι星で十字架を描いたもので、本物よりやや大きく十字架もゆがんでいます。それでも昔の船乗りたちは、このニセ十字で方角を惑わされたに違いありません。海蛇座頭部の真南にありますが、全景を見るには沖縄まで南下しなければなりません。

傾いたアルゴ船（帆座と羅針盤座）

ニセ十字

	ミニ解説
大熊座	星ぼしの動きは1時間で15度。これを利用すれば、北斗七星の傾きで時刻がわかる。名づけて〝北斗の星時計〟。
山猫座	大熊座と馭者座の間にある星座。獅子の大鎌から山猫の星に連なる長い星列を、中国では軒轅《けんえん》と呼んでいる。
双子座	仲良く並んだカストルとポルックスが目印。毎年12月14、5日ごろの双子座流星群は、夏のペルセ群に劣らず見事。
蟹座	蟹の甲羅にあるプレセペ星団の年齢は約３億歳で、総質量は太陽の1000倍もある。距離は515光年。
獅子座	目印は、裏返しのクエスチョンマークの形をした獅子の大鎌。黄道上にある１等星レグルスは、時々月に隠される。
小獅子座	獅子座のすぐ上(北)にある小星座。３つの４等星で『へ』の字の形を描いている。
六分儀座	近世になってつくられた星座で、獅子座レグルスのすぐ下(南)にある。六分儀は、天文航法用の簡易天測機器。
コップ座	海蛇の背中に乗ったように見える星座。４等以下の星で、優勝カップのような形を描いている。
烏座	コップ座と並んで海蛇の背中に乗る星座。４つの星の上の２星から、乙女座の１等星スピカが見つけられる。
海蛇座	全天で一番長い星座。５、６個の星で描く海蛇の頭の部分を、中国では柳宿《りゅうしゅく》と呼んでいる。
ポンプ座	海蛇の下(南)にある星座。微光星ばかりの小星座で、まったく印象が薄い。
牛飼座	アルクトゥールスはオレンジ色の１等星。実際の直径は太陽の24倍もあり、太陽の100倍も明るい。
猟犬座	牛飼いが連れた２匹の猟犬をかたどった星座。α星は３等星のコル・カロリ(チャールズの心臓)。
髪座	星座の主要部にある微光星の群れは、Mel(メロット)111という散開星団。肉眼で見える。
乙女座	スピカは、真珠星と呼ばれる純白の１等星。牛飼座のアルクトゥールス、獅子座のデネボラと春の大三角をつくる。
天秤座	α星は二重星になっていて、5.2等と2.9等の２つの星が、角度で231秒隔てて並んでいる。肉眼で見える。
南十字座	天の川のなかで１等星２つ、それに２等星と３等星で十字形を描く。黒々した石炭袋が十字架を一層引き立てている。
ケンタウルス座	α星とβ星は、半人半馬の足もとに輝く２つの１等星。α星までの距離は4.3光年で、地球にもっとも近い。

	ミニ解説
小熊座	北極星は小熊の尻尾のところで光る。熊の尻尾が長いのは、大神ゼウスが尻尾をつかんで天にほうり上げたため。
竜座	α星トゥバンは5000年前の北極星。毎年10月９日前後、竜座を輻射点《ふくしゃてん》としたジャコビニ流星群が飛ぶ。
冠座	７つの星が半円形を描く。その中程にあるR星は、ふだん６等星だが、突然減光して14等以下になってしまう。
蛇座	セルペンティス・カプト(蛇の頭部)と、セルペンティス・カウダ(蛇の尾部)に２分割されている星座。
蛇遣座	医神アスクレピオスをかたどった星座。α星は２等星のラスアルハゲ(蛇をもつものの頭)で、医神の頭に光る。
狼座	天秤座の下(南)で、ケンタウルスの槍でつき倒される狼を描いている。古代ギリシアでは野獣と呼ばれた。
ヘルクレス座	豪傑ヘラクレスをかたどった星座。星座名は学名(ラテン語)からヘルクレス座。球状星団M13は北天で最美。
蠍座	ポリネシア諸島では、少年マウイがニュージーランドという島を釣り上げ、釣針は空にかかって蠍座になったという。
楯座	もとは、17世紀のポーランド国王ヤン３世ソビエスキーの武勇をたたえ、「ソビエスキーの楯座」と呼ばれた。
射手座	南斗六星付近には星雲や星団が多い。干潟星雲、三列星雲、オメガ星雲は双眼鏡で見ることができる。
南冠座	射手座のすぐ下(南)にある星座。プトレマイオスは、この星座を草花でつくった輪に見立て「南のリース」と呼んだ。
琴座	１等星ベガは、七夕の織り姫。「霞立つ天の河原に君待つといかよふほとに裳の裾ぬれぬ」(万葉集　巻八)
鷲座	１等星アルタイルは七夕の彦星。「天の河相向き立ちてわが恋ひし君来ますなり紐解き設《ま》けな」(万葉集　巻八)
矢座	この矢はエロスの持ち物で、黄金の矢で射られると恋心をおこし、鉛の矢で射られると百年の恋もさめてしまうという。
小狐座	白鳥座アルビレオのすぐ下(南)にある星座。ヘベリウスがつくった星座で、はじめは「小狐と鵞鳥座」と呼ばれた。
白鳥座	１等星デネブを含む５つの星で、大きな十字形を描く。天の川に位置しているところから、星雲や星団が多い。

	ミニ解説
海豚座	α星はスアロキン、β星はロタネブ。この名は、ピアッツィの助手ニコラウス・ベナトルを逆さつづりにしたもの。
カシオペヤ座	古代エチオピア王妃カシオペヤをかたどった星座。アラビア名でα星をシェダル(胸)、β星をカフ(手)という。
ケフェウス座	ケフェウス王の頭に光るδ星は、５日８時間47分39秒の周期で、4.1等から5.2等まで明るさを変える変光星。
山羊座	射手座の東で逆三角形をした星座。α星アルゲディ(小山羊)、β星ダビーは、ともに肉眼二重星。
顕微鏡座	山羊座のすぐ下(南)にある小星座。18世紀にフランスのラカイユが設定。５等以下の星ばかりで寂しい。
蜥蜴座	白鳥座を流れる天の川を、カシオペヤ座方向に延ばしたところにある。設定者のヘベリウスは、いもり座も考えた。

88星座一覧表(順不同)

春の星座

星座名	読み	学名	略符	20時南中	掲載頁	
大熊座	おおぐまざ	Ursa Major	UMa	5月3日	86	…………
山猫座	やまねこざ	Lynx	Lyn	3月16日		…………
双子座	ふたござ	Gemini	Gem	3月3日	103	…………
蟹座	かにざ	Cancer	Cnc	3月26日	106	…………
獅子座	ししざ	Leo	Leo	4月25日	90	…………
小獅子座	こじしざ	Leo Minor	LMi	4月22日		…………
六分儀座	ろくぶんぎざ	Sextans	Sex	4月20日		…………
コップ座	コップざ	Crater	Crt	5月8日		…………
烏座	からすざ	Corvus	Crv	5月23日	94	…………
海蛇座	うみへびざ	Hydra	Hya	4月25日	108	…………
ポンプ座	ポンプざ	Antlia	Ant	4月17日		…………
牛飼座	うしかいざ	Bootes	Boo	6月26日	98	…………
猟犬座	りょうけんざ	Canes Venatici	CVn	6月2日	103	…………
髪座	かみのけざ	Coma Berenices	Com	5月28日	102	…………
乙女座	おとめざ	Virgo	Vir	6月7日	100	…………
天秤座	てんびんざ	Libra	Lib	7月6日	108	…………
南十字座	みなみじゅうじざ	Crux	Cru	5月23日	109	…………
ケンタウルス座	ケンタウルスざ	Centaurus	Cen	6月7日	111	…………

夏の星座

星座名	読み	学名	略符	20時南中	掲載頁	
小熊座	こぐまざ	Ursa Minor	UMi	7月13日	116	…………
竜座	りゅうざ	Draco	Dra	8月2日	127	…………
冠座	かんむりざ	Corona Borealis	CrB	7月13日	126	…………
蛇座	へびざ	Serpens	Ser	7月12日頭部 8月17日尾部	125	…………
蛇遣座	へびつかいざ	Ophiuchus	Oph	8月5日	125	…………
狼座	おおかみざ	Lupus	Lup	7月3日		…………
ヘルクレス座	ヘルクレスざ	Hercules	Her	8月5日	126	…………
蠍座	さそりざ	Scorpius	Sco	7月23日	121	…………
楯座	たてざ	Scutum	Sct	8月25日		…………
射手座	いてざ	Sagittarius	Sgr	9月2日	138	…………
南冠座	みなみのかんむりざ	Corona Australis	CrA	8月25日		…………
琴座	ことざ	Lyra	Lyr	8月29日	130	…………
鷲座	わしざ	Aquila	Aql	9月10日	132	…………
矢座	やざ	Sagitta	Sge	9月12日		…………
小狐座	こぎつねざ	Vulpecula	Vul	9月20日		…………
白鳥座	はくちょうざ	Cygnus	Cyg	9月25日	134	…………

秋の星座

星座名	読み	学名	略符	20時南中	掲載頁	
海豚座	いるかざ	Delphinus	Del	9月26日	143	…………
カシオペヤ座	カシオペヤざ	Cassiopeia	Cas	12月2日	155	…………
ケフェウス座	ケフェウスざ	Cepheus	Cep	10月17日	157	…………
山羊座	やぎざ	Capricornus	Cap	9月30日	143	…………
顕微鏡座	けんびきょうざ	Microscopium	Mic	9月30日		…………
蜥蜴座	とかげざ	Lacerta	Lac	10月24日		…………

	ミニ解説
……………水瓶座	秋の夜空は水に関係のある星座が多い。そのわけは、古代バビロニアの時代、雨季を迎えた太陽はここで輝いたため。
……………南魚座	水瓶からこぼれでた水を飲み干しているのがこの魚で、魚の口に光るのが１等星フォーマルハウト。
……………ペガスス座	秋の四辺形でおなじみの４つの星は、天馬ペガススの胴体にあたる。アラビアではこの四辺形をバケツに見立てている。
……………小馬座	ペガススの弟のケレリスをかたどった星座で、ペガススの鼻先で、４等と５等の星が細長い四角形を描いている。
……………鶴座	南魚座の下(南)にある星座。α星はアラビア名でアルナイル(魚の輝く星)。古くは南魚座に属していた。
……………魚座	秋の四辺形の脇でＬ字形を描いている。α星は、２匹の魚の結び目に光る４等星のアル・リスカ(結び目)。
……………彫刻室座	フォーマルハウトの左(東)で三角形を描いている。銀河の南極があるため星数は少ないが、小宇宙が多く見られる。
……………鳳凰座	彫刻室座の下(南)にある星座で、不死鳥(フェニックス)を表している。古代エジプトでは火の鳥と呼ばれた。
……………アンドロメダ座	アンドロメダ銀河は、我々の銀河系のほか、大熊座の銀河、三角座の銀河などと、局部銀河群を形成している。
……………ペルセウス座	毎年８月12、3日ごろの、ペルセウス座流星群は圧巻。ヨーロッパでは、この流星群を「聖ローレンスの涙」と呼ぶ。
……………鯨座	最輝星は、鯨の尾の部分に光るβ星で、光度２等のデネブ・カイトス(鯨の尾)。ミラはミラ型長周期変光星の代表。
……………三角座	渦巻き銀河M33の光度は6.3等。鋭眼の人なら、肉眼で見えるという。ただし、大気の透明度がポイント。
……………牡羊座	β星は、アラビア語からきたシェラタン(しるし)。2000年前、春分点がここにあり、そのしるしという。

	ミニ解説
……………オリオン座	ベテルギウスとリゲルの間にある三つ星は、天の赤道に位置しているため、真東から上って真西に沈む。
……………牡牛座	牡牛の角の先にあるカニ星雲Ｍ１は、1054年に大爆発した超新星の残骸。藤原定家の『明月記』に記されている。
……………兎座	オリオン座のすぐ下(南)にある星座。α星とβ星は、アラビア名でアルネブ(兎)とニハル(喉が渇いたらくだ)。
……………鳩座	兎座の下(南)にある星座。フランスのロワーエが17世紀に設定したもの。はじめは「ノアの鳩座」と呼ばれた。
……………馭者座	１等星カペラは太陽に似た黄色の星といわれるが、実際は太陽の14倍と９倍の２つの星がめぐりあっている。
……………大犬座	シリウスは全天一の輝星。オリオン座三つ星を結び、そのまま左下(南東)に延ばすとシリウスにとどく。
……………小犬座	１等星プロキオンと、β星ゴメイサの２つの星で小犬を描く。ゴメイサはアラビア名で、涙ぐんだものの意。
……………一角獣座	冬の大三角の中に位置する星座。天の川が横切っているので、星雲や星団が多い。中でもバラ星雲は有名。
……………麒麟座	北極星と馭者座の間にある星座。設定者のバルチウスは、当初きりんではなく、らくだを考えていたという。
……………エリダヌス座	河をかたどった星座で、リゲルの脇から蛇行しながら地平線の下まで続く。α星は１等星のアケルナル(河の果て)。
……………炉座	鯨座の下(南)にある星座で、化学実験炉をかたどっている。明るい星はなく寂しいが、小宇宙は数多く点在する。
……………彫刻具座	鳩座の右(西)にある星座。ラカイユが設定した新興星座で、当初は「たがね」といった。
……………船尾座	４分割されたアルゴ座の１つで、大犬座の左下(南東)に位置している。天の川がかかっているため星雲・星団が多い。
……………羅針盤座	元アルゴ座で、４分割された中では一番小さい星座。船尾座の左(東)に位置している。
……………竜骨座	４分割されたアルゴ座の１つ。１等星カノープスは本州から地平線すれすれに見えるが、星座の大部分は見えない。
……………帆座	分割されたアルゴ座の１つ。微光星が多いが、本州からは星座の一部が地平線にかかって見えない。

	ミニ解説
……………飛魚座	ドイツのバイヤーが設定した星座で、巨大なアルゴ船にたわむれるように見える。右隣り(西)に大マゼラン雲がある。
……………蠅座	南十字座のすぐ下(南)にある星座。バイヤーやハレーは、この星座を蜜蜂としたが、ラカイユが正式に蠅にした。
……………カメレオン座	天の南極のある八分儀座に隣接した星座なので、日本の最南端からもまったく見ることはできない。
……………定規座	アンタレスの下(南)にある小さな星座。微光星は多いが、本州からは星座の一部が地平線にかかり見えない。
……………コンパス座	ケンタウルス座α星と、南三角座の間にある星座。３つの星でコンパス型の細長い三角形を描いている。
……………南三角座	定規座の下(南)で、二等辺三角形を描いている。α星はアトリアで、α＋３文字に略した学名TrAからついた。
……………風鳥座	この風鳥は極楽鳥をさす。輸出するとき足を切り、木に止まれない鳥が風に乗ったように見えたところからついた。
……………孔雀座	望遠鏡座と八分儀座の間にある星座。α星は、英名でピーコック(孔雀)と名づけられている。
……………望遠鏡座	南冠座の下(南)にある星座。本州からは星座の一部が地平線にかかって見えない。もとは「天文用の筒」と呼ばれた。
……………祭壇座	いわゆるプトレマイオス(トレミー)の48星座の１つ。犠牲をささげるときに、火をたく祭壇を意味している。
……………インディアン座	顕微鏡座の下(南)に位置した星座で、アメリカインディアンをかたどっている。本州からは星座の北部のみが見える。
……………巨嘴鳥座	鶴座の下(南)にある星座。小マゼラン雲は満月の９倍の大きさがある。NGC104は肉眼で見える球状星団。
……………八分儀座	天の南極にある星座。日本からはまったく見ることはできない。天の南極にもっとも近いのは光度５等のσ星。
……………水蛇座	１等星アケルナルの南でＬ字形を描いている。海蛇が雌であるのに対し、水蛇は雄であるという。
……………時計座	１等星アケルナルの左(東)にある星座。ラカイユが設定したもので、当初は「振子時計座」と呼ばれた。
……………レチクル座	時計座の左(東)にある星座で、菱形を描いている。レチクルは、望遠鏡の接眼鏡に張る十字線のこと。
……………画架座	カノープスと大マゼラン雲の間で、「へ」の字を描いている。画架とは、カンバスを立てかけるイーゼルのこと。
……………旗魚座	大マゼラン雲は、満月の22倍もあるお隣りの小宇宙。この星座の英名はゴールドフィッシュ、中国名も金魚という。
……………テーブル山座	大マゼラン雲が一部かかっている星座。テーブル山は、南アフリカのケープタウンの南側にそびえる実在の岩山。

星座名	読み	学名	略符	20時南中	掲載頁	
水瓶座	みずがめざ	Aquarius	Aqr	10月22日	144	··········
南魚座	みなみのうおざ	Piscis Austrinus	PsA	10月17日	144	··········
ペガスス座	ペガススざ	Pegasus	Peg	10月25日	146	··········
小馬座	こうまざ	Equuleus	Equ	10月5日		··········
鶴座	つるざ	Grus	Gru	10月22日		··········
魚座	うおざ	Pisces	Psc	11月22日	145	··········
彫刻室座	ちょうこくしつざ	Sculptor	Scl	11月25日		··········
鳳凰座	ほうおうざ	Phoenix	Phe	12月2日		··········
アンドロメダ座	アンドロメダざ	Andromeda	And	11月27日	148	··········
ペルセウス座	ペルセウスざ	Perseus	Per	1月6日	152	··········
鯨座	くじらざ	Cetus	Cet	12月13日	147	··········
三角座	さんかくざ	Triangulum	Tri	12月17日	149	··········
牡羊座	おひつじざ	Aries	Ari	12月25日	152	··········

冬の星座

星座名	読み	学名	略符	20時南中	掲載頁	
オリオン座	オリオンざ	Orion	Ori	2月5日	168	··········
牡牛座	おうしざ	Taurus	Tau	1月24日	162	··········
兎座	うさぎざ	Lepus	Lep	2月6日	178	··········
鳩座	はとざ	Columba	Col	2月10日		··········
馭者座	ぎょしゃざ	Auriga	Aur	2月15日	167	··········
大犬座	おおいぬざ	Canis Major	CMa	2月26日	174	··········
小犬座	こいぬざ	Canis Minor	CMi	3月11日	177	··········
一角獣座	いっかくじゅうざ	Monoceros	Mon	3月3日		··········
麒麟座	きりんざ	Camelopardalis	Cam	2月10日		··········
エリダヌス座	エリダヌスざ	Eridanus	Eri	1月14日		··········
炉座	ろざ	Fornax	For	12月23日		··········
彫刻具座	ちょうこくぐざ	Caelum	Cae	1月29日		··········
船尾座	ともざ	Puppis	Pup	3月13日	179	··········
羅針盤座	らしんばんざ	Pyxis	Pyx	3月31日	179	··········
竜骨座	りゅうこつざ	Carina	Car	3月28日	179	··········
帆座	ほざ	Vela	Vel	4月10日	179	··········

南天の星座

星座名	読み	学名	略符	20時南中	掲載頁	
飛魚座	とびうおざ	Volans	Vol	3月13日		··········
蠅座	はえざ	Musca	Mus	5月26日		··········
カメレオン座	カメレオンざ	Chamaeleon	Cha	4月28日		··········
定規座	じょうぎざ	Norma	Nor	7月18日		··········
コンパス座	コンパスざ	Circinus	Cir	6月30日		··········
南三角座	みなみのさんかくざ	Triangulum Australe	TrA	7月13日		··········
風鳥座	ふうちょうざ	Apus	Aps	7月18日		··········
孔雀座	くじゃくざ	Pavo	Pav	9月5日		··········
望遠鏡座	ぼうえんきょうざ	Telescopium	Tel	9月2日		··········
祭壇座	さいだんざ	Ara	Ara	8月5日		··········
インディアン座	インディアンざ	Indus	Ind	10月7日		··········
巨嘴鳥座	きょしちょうざ	Tucana	Tuc	11月13日		··········
八分儀座	はちぶんぎざ	Octans	Oct	10月2日		··········
水蛇座	みずへびざ	Hydrus	Hyi	12月27日		··········
時計座	とけいざ	Horologium	Hor	1月6日		··········
レチクル座	レチクルざ	Reticulum	Ret	1月14日		··········
画架座	がかざ	Pictor	Pic	2月8日		··········
旗魚座	かじきざ	Dorado	Dor	1月31日		··········
テーブル山座	テーブルさんざ	Mensa	Men	2月10日		··········

大マゼラン雲と小マゼラン雲

マゼラン雲《マゼランうん》

旗魚座《かじきざ》と巨嘴鳥座《きょしちょうざ》にある、二つのお隣りの小宇宙。一五一九年、航海家マゼランが世界周航に出発し、その途中発見したところからこの名で呼ばれています。

大きいほうが旗魚座にある**大《だい》マゼラン雲《うん》**、小さいほうが巨嘴鳥座にある**小《しょう》マゼラン雲《うん》**で、それぞれ一六万光年と、二〇万光年の距離にあります。見かけの大きさは満月の二二倍と九倍もあり、南半球では夜空に浮かぶ雲のように見えます。オリオン座と鯨座のはるか南にありますが、日本から見ることはできません。

旗魚座　巨嘴鳥座
大マゼラン雲　小マゼラン雲

大マゼラン雲

参考文献

Allen, Richard Hinckley, *Star Names, Their Lore and Meaning*, 1963, Dover Publications Inc., New York, N.Y., U.S.A.

George A Davis Jr., *The Pronunciations, Derivations, and Meanings of a Selected List of Star Names*, 1963, Sky Publishing Corp., Harvard Observatory, Cambridge, Mass., U.S.A.

Peter Lum, *The Stars in Our Heaven -Myths and Fables,* 1948, Pantheon Books Inc., New York, N.Y., U.S.A.

堀尾実善　『天体と日本文学』（立命館出版部）　昭和７年〈1932〉

野尻抱影　『星と東西文学』（研究社）　昭和15年〈1940〉

恒星社　編訳　『フラムスチード天球図譜』（恒星社厚生閣）　昭和21年〈1946〉

内田武志　『日本星座方言資料』（日本常民文化研究所彙報）　昭和24年〈1949〉

野尻抱影　『星の神話伝説集成』（恒星社厚生閣）　昭和29年〈1954〉

野尻抱影　『日本の星』（中央公論社）　昭和32年〈1957〉

池田亀鑑　他校注　『枕草子・紫式部日記』（岩波書店）　昭和33年〈1958〉

久松潜一　他校注　『新古今和歌集』（岩波書店）　昭和33年〈1958〉

高木市之助　他校注　『万葉集2』（岩波書店）　昭和34年〈1959〉

杉浦正一郎　他校注　『芭蕉文集』（岩波書店）　昭和34年〈1959〉

高津春繁　『ギリシア・ローマ神話辞典』（岩波書店）　昭和35年〈1960〉

呉茂一・高津春繁訳　『ホメーロス』（筑摩書房）　昭和39年〈1964〉

野尻抱影　他　『星座』（恒星社厚生閣）　昭和39年〈1964〉

草野心平　編　『宮沢賢治』（新潮社）　昭和42年〈1967〉

坂本太郎　他校注　『日本書紀』（岩波書店）　昭和42年〈1967〉

草下英明　『星座手帖』（社会思想社）　昭和44年〈1969〉

社会思想社　編　『東京生活歳時記』（社会思想社）　昭和44年〈1969〉

野尻抱影　『星三百六十五夜』（恒星社厚生閣）　昭和44年〈1969〉

呉　茂一　『ギリシア神話』（新潮社）　昭和44年〈1969〉

吉田光邦　『星の宗教』（淡交社）　昭和45年〈1970〉

山本健吉　編著　『最新俳句歳時記』（文藝春秋）　昭和46年〈1971〉

草下英明　『星の百科』（社会思想社）　昭和46年〈1971〉

岡田芳朗　『日本の暦』（木耳社）　昭和47年〈1972〉

宮本正太郎　他　『月をひらく』（地人書館）　昭和47年〈1972〉

広瀬秀雄　『日本人の天文観』（日本放送出版協会）　昭和47年〈1972〉

歴史読本臨時増刊　『万有こよみ百科』（新人物往来社）　昭和48年〈1973〉

広瀬秀雄　『年・月・日の天文学』（中央公論社）　昭和48年〈1973〉

野尻抱影　『日本星名辞典』（東京堂出版）　昭和48年〈1973〉

金指正三　『星占い星祭り』（青蛙房）　昭和49年〈1974〉

原　恵　『星座の神話』（恒星社厚生閣）　昭和50年〈1975〉

相賀徹夫　編　『万有百科大事典』（小学館）　昭和50年〈1975〉

草下英明　『宮沢賢治と星』（學藝書林）　昭和50年〈1975〉

有馬次郎　他　『見る月見られる月』（社会思想社）　昭和51年〈1976〉

杉本つとむ　解説　『物類称呼（越谷吾山著）』（八坂書房）　昭和51年〈1976〉

志摩芳次郎　編　『入門俳句歳時記』（大陸書房）　昭和52年〈1977〉

藪内　清　訳・解説　『ヘベリウス星座図絵』（地人書館）　昭和52年〈1977〉

古畑正秋　監　『天文観測辞典』（地人書館）　昭和52年〈1977〉

野尻抱影　『星の民俗学』（講談社）　昭和53年〈1978〉

水原秋桜子　他監　『日本大歳時記』（講談社）　昭和58年〈1983〉

島田勇雄　他訳注　『和漢三才図会（寺島良安著）』（平凡社）　昭和60年〈1985〉

犬養　孝　『万葉の歌びとと風土』（中央公論社）　昭和63年〈1988〉

梅棹忠夫　他監　『講談社カラー版 日本語大辞典』（講談社）　平成２年〈1990〉

森川　昭　他校注　『初期俳諧集』（岩波書店）　平成３年〈1991〉

水庭　進　編　『現代俳句古語逆引き辞典』（博友社）　平成４年〈1992〉

河村真光　『密教占星法実践』（光村推古書院）　平成５年〈1993〉

天文年鑑編集委員会　編　『天文年鑑（最新版）』（誠文堂新光社）　平成21年〈2009〉

国立天文台　編　『理科年表（最新版）』（丸善）　平成21年〈2009〉

矢来星・やらいぼし……120
野郎星・やろうぼし……(矢来星)120
【ゆ】夕明かり・ゆうあかり……43
夕方・ゆうがた……(夕間暮れ)41
夕暮れ・ゆうぐれ……40
夕暮方・ゆうぐれがた……(夕暮れ)40
夕刻・ゆうこく……(夕間暮れ)41
夕さり・ゆうさり……(夕間暮れ)41
長庚／夕星・ゆうずつ……(宵の明星)46
遊星・ゆうせい……(惑星)68
夕月・ゆうづき……(宵月)47
夕月夜・ゆうづくよ／ゆうづきよ……(宵月)47
夕虹・ゆうにじ……40
夕映え・ゆうばえ……(夕日影)43
夕日・ゆうひ……41
夕日隠・ゆうひがくれ……(夕日)41
夕日影・ゆうひかげ……43
夕・ゆうべ……(夕間暮れ)41
夕間暮れ・ゆうまぐれ……41
夕まし・ゆうまし……(夕間暮れ)41
夕焼け・ゆうやけ……40
夕山・ゆうやま……43
夕闇・ゆうやみ……(夕明かり)43
雪待月・ゆきまちづき……27
ユーバナブシ……(金星)68
指輪星・ゆびわぼし……(竈星)127
UFO・ユーフォー……83
弓張月・ゆみはりづき……28
弓星・ゆみぼし……(錨星)156
【よ】夜明け・よあけ……(夕暮れ)40
宵・よい……45
宵月・よいづき……47
宵月夜・よいづきよ……(宵月)47
宵のうち・よいのうち……(宵)45
宵の口・よいのくち……(宵)45
宵の明星・よいのみょうじょう……46
宵闇・よいやみ……45
宵宵・よいよい……(宵)45
妖星・ようせい……(彗星)72
妖霊星・ようれぼし／ようれいぼし……80
横三つ星・よこみつぼし……(小三つ星)172
夜さ・よさ……(夜さり)49
よさこい……(夜さり)49
夜寒・よさむ……53
夜さり・よさり……49
夜さりつ方・よさりつかた……(夜さり)49
四つ星・よつぼし……94
四つ星・よつぼし……(鼓星)169
四隅星・よつまぼし……(桝形星)146
夜長・よなが……(短夜)52
夜這星・よばいぼし……(流星)72
夜更け・よふけ……49
ヨブの柩・ヨブのひつぎ……(菱星)143
終夜・よもすがら／よすがら……52
寄り合い星・よりあいぼし……(六連星)164
夜・よる／よ……49
夜の帳・よるのとばり……47
夜半・よわ……(夜さり)49
夜わたし・よわたし……(星の出入り)171
夜を籠む・よをこむ……(夜)49
【ら】ライオンズ・シックル……(獅子の大鎌)92
落日・らくじつ……(夕日)41
羅睺・らご……(五星)68
ラコニアの鍵・ラコニアのかぎ……155
羅針盤座・らしんばんざ……(アルゴ座)179
【り】リゲル……169
竜骨座・りゅうこつざ……(アルゴ座)179
竜座・りゅうざ……127
流星・りゅうせい……72
流星雨・りゅうせいう……(獅子座流星群)93
猟犬座・りょうけんざ……103
漁星・りょうぼし……(魚釣り星)121
両眼星・りょうめぼし……(蟹目)105
良夜・りょうや……52
【れ】黎明・れいめい……(明け初める)63
レオニズ……(獅子座流星群)93
レグルス……93
廉貞・れんちょう……(北斗七星)87
【ろ】老人星・ろうじんせい……(南極老人星)180
六時・ろくじ……51
六地蔵・ろくじぞう……(六連星)164
禄存・ろくそん……(北斗七星)87
六分儀座・ろくぶんぎざ……(海蛇座)108
六曜・ろくよう……(六連星)164
六連珠・ろくれんじゅ……(六連星)164
【わ】脇星・わきぼし……(平家星・源氏星)169
惑星・わくせい……68
わざわい星・わざわいぼし……(火星)70
鷲座・わしざ……132
鷲の黒い穴・わしのくろいあな……133

星のささやき・ほしのささやき……76
星の契り・ほしのちぎり……(星の船)78
星の出入り・ほしのでいり……171
星の林・ほしのはやし……76
星の船・ほしのふね……78
星の紛れ・ほしのまぎれ……76
星の宿り・ほしのやどり……(星座)67
星の嫁入り・ほしのよめいり……(流星)72
星の別れ・ほしのわかれ……(星の船)78
星祭り・ほしまつり……78
輔星・ほせい……90
穂垂れ星・ほたれぼし……(彗星)72
北極星・ほっきょくせい……116
ほのおぼし……(火星)70
暮夜・ぼや……(夜さり)49
戊夜・ぼや……(五夜)51
ポラリス……117
ポルックス……103
本影・ほんえい……(月食)36
【ま】マイア……(プレアデス星団)163
枕星・まくらぼし……(四つ星)94
枡形星・ますがたぼし……146
枡星・ますぼし……(柄杓星)87
マゼラン雲・マゼランうん……186
松杭・まつぐい……(門杭)105
待宵・まつよい……18
まないた星・まないたぼし……(瓜畑)131
真似星・まねぼし……(小三つ星)172
ママクワブシ……(河鼓三星)133
豆名月・まめめいげつ……(後の月)25
真夜中・まよなか……(夜更け)49
真夜中の月・まよなかのつき……(二十三夜待ち)20
満月・まんげつ……(望)18
満天の星・まんてんのほし……75
【み】三日月・みかづき……16
御輿星・みこしぼし……(相撲とり星)123
ミザール……(北斗七星)87
短夜・みじかよ……52
水瓶座・みずがめざ……144
三つ星・みつぼし……170
三つ星のお供・みつぼしのおとも……(小三つ星)172
南十字座・みなみじゅうじざ……109
南十字星・みなみじゅうじせい……(南十字座)109
南の色白・みなみのいろしろ……(色白)177
南魚座・みなみのうおざ……144
南の舵星・みなみのかじぼし……139
南の一つ星・みなみのひとつぼし……144
箕星・みぼし……139
妙見・みょうけん……(北極星)116
女夫星・みょうとぼし……(織り姫)130
ミラ……147
ミルキー・ウェイ……(天の川)77
ミルク・ディパー……(南斗六星)138
ミンタカ……170
【む】麦熟れ星・むぎうれぼし……(麦星)99
麦刈り星・むぎかりぼし……(麦星)99
麦星・むぎぼし……99
武曲・むごく……(北斗七星)87
六神・むつがみ……(六連星)164
六星・むつぼし……(六連星)164
むづら……(六連星)164
六連星・むつらぼし……164
群がり星・むらがりぼし……(六連星)164
【め】目あて星・めあてぼし……(北の一つ星)119
冥王星・めいおうせい……(惑星)68
明月・めいげつ……27
眼鏡星・めがねぼし……(蟹目)105
メグレズ……(北斗七星)87
飯炊き星・めしたきぼし……(金星)68
目玉星・めだまぼし……(蟹目)105
メラク……(北斗七星)87
布良星・めらぼし……180
メロペ……(プレアデス星団)163
メンカル……(アルビレオ)137
めんたなばた……(織り姫)130
【も】木星・もくせい……71
餅食い星・もちくいぼし……(門杭)105
望月・もちづき……(望)18
文曲・もんごく……(北斗七星)87
もんりーぼし……(金星)68
【や】夜陰・やいん……(夜さり)49
夜気・やき……49
山羊座・やぎざ……143
野鶏・やけい……(天狼)175
夜光雲・やこううん……56
夜天光・やてんこう……56
柳星・やなぎぼし……(魚釣り星)121
山形星・やまがたぼし……(錨星)156
闇・やみ……54
闇夜・やみよ……(闇)54

初月・はつづき………………………15
掃星・ははきぼし………………（彗星）72
春の大曲線・はるのだいきょくせん………………101
春の大三角・はるのだいさんかく………………101
春のダイヤモンド・はるのダイヤモンド
………………………（春の大三角）101
春の夫婦星・はるのめおとぼし………………100
半影・はんえい………………（月食）36
半月・はんげつ………………（上弦）17
番の星・ばんのほし………………（矢来星）120

【ひ】日暈・ひがさ………………（月暈）35
日暮れ・ひぐれ………………（夕暮れ）40
彦星／牽牛・ひこぼし………………133
菱星・ひしぼし………………143
柄杓の星・ひしゃくのほし………………（柄杓星）87
柄杓星・ひしゃくぼし………………87
備前の箕・びぜんのみ………………157
額月・ひたいづき………………（月白）28
畢宿・ひっしゅく………………（雨降りヒヤデス）165
一つ星・ひとつぼし………………（北の一つ星）119
日の入り・ひのいり………………（黄道光）45
日の出・ひので………………（明け初める）63
梭星・ひぼし………………（菱星）143
白虎・びゃっこ………………（二十八宿）81
ヒヤデス星団・ヒヤデスせいだん………………165
昼の星・ひるのほし………………69

【ふ】フェクダ………………（北斗七星）87
傅説・ふえつ………………123
フェルカド………………119
フォーマルハウト………………144
更く・ふく………………（夜更け）49
更待月・ふけまちづき………………20
臥待月・ふしまちづき………………（寝待月）19
無精星・ぶしょうぼし………………（横着星）180
双子座・ふたござ………………103
二つ星・ふたつぼし………………105
二日月・ふつかづき………………16
船星・ふなぼし………………（舵星）89
フニブシ………………（舵星）89
部分月食・ぶぶんげっしょく………………（月食）36
部分日食・ぶぶんにっしょく………………（日食）80
ブーメラン………………（貫索）127
冬空の王者・ふゆぞらのおうじゃ……（オリオン座）168
冬の大三角・ふゆのだいさんかく………………177
冬の道・ふゆのみち………………（天の川）77
ブルズ・アイ………………（アルデバラン）162
古七夕・ふるたなばた………………135
プレアデス星団・プレアデスせいだん………………163
プレセペ………………107
プロキオン………………177
褌奪い星・ふんどしばいぼし………（相撲とり星）123

【へ】平家星・源氏星・へいけぼし・げんじぼし………169
丙夜・へいや………………（五夜）51
ベガ………………130
ペガスス座・ペガススざ………………146
ペガススの四辺形・ペガススのしへんけい
………………………（桝形星）146
へっつい星・へっついぼし………………（竈星）127
ベツレヘムの星・ベツレヘムのほし…（ティコの星）156
ベテルギウス………………169
ヘナで染めた手・ヘナでそめたて………………155
ベナトナシュ………………（北斗七星）87
蛇座・へびざ………………125
蛇遣座・へびつかいざ………………125
ヘルクレス座・ヘルクレスざ………………126
ペルセウス座・ペルセウスざ………………152
ベレニケの髪の毛座・ベレニケのかみのけざ……102
変光星・へんこうせい………………（アンタレス）122

【ほ】望・ぼう………………18
方角星・ほうがくぼし………………（北の一つ星）119
箒星・ほうきぼし………………（彗星）72
豊年星・ほうねんぼし………………122
帆かけ星・ほかけぼし‥（スパイカズ・スパンカー）95
北辰・ほくしん………………（北極星）116
北辰妙見・ほくしんみょうけん………………（北極星）116
北斗七星・ほくとしちせい………………87
北落師門・ほくらくしもん………………145
鉾星・ほこぼし………………（彗星）72
帆座・ほざ………………（アルゴ座）179
星・ほし………………67
星合い・ほしあい………………（星の船）78
星明かり・ほしあかり………………（星影）74
星占い・ほしうらない………………83
星影・ほしかげ………………74
星供・ほしく………………（星祭り）78
星屑・ほしくず………………（星空）74
星空・ほしぞら………………74
星月夜・ほしづきよ／ほしづくよ………………53
星の入り東風・ほしのいりごち………………165
星の位・ほしのくらい………………80

ティコの星・ティコのほし……156
丁夜・ていや……(五夜)51
デネブ……135
デネボラ……93
デルトトン……(三角座)149
天球・てんきゅう……(星座)67
天鼓・てんこ……(河鼓三星)133
天使のささやき・てんしのささやき…(星のささやき)76
天上の宝石・てんじょうのほうせき……(アルビレオ)137
天心・てんしん……(中天)51
天王星・てんのうせい……(惑星)68
天のガンジス・てんのガンジス……(天の川)77
天の姉妹・てんのしまい……(貫索)127
天のナイル・てんのナイル……(天の川)77
天の南極・てんのなんきょく……(南十字座)109
天の北極・てんのほっきょく……(子の星)117
天のユーフラテス・てんのユーフラテス…(天の川)77
天秤座・てんびんざ……108
天秤棒星・てんびんぼうぼし……(籠担ぎ星)123
天文薄明・てんもんはくめい……(薄明)63
天狼・てんろう……175
【と】樋掛け星・といかけぼし……92
満天星・どうだん……(満天の星)75
トゥバン……(竜座)127
ドウベー……(北斗七星)87
道楽星・どうらくぼし……(横着星)180
十日夜・とおかんや……17
斗魁・とかい……(北斗七星)87
斗掻き星・とかきぼし……148
斗宿・としゅく……(南斗六星)138
土星・どせい……71
土蔵の鍵・どぞうのかぎ……(ラコニアの鍵)155
ドッグ・スター……(シリウス)174
ドッグ・デイズ……(シリウス)174
飛び星・とびぼし……(流星)72
土俵星・どひょうぼし……(竈星)127
斗柄・とへい……(北斗七星)87
船尾座・ともざ……(アルゴ座)179
土用三郎・どようさぶろう……171
貪狼・とんろう……(北斗七星)87
【な】ナイル河のデルタ・ナイルがわのデルタ・・(三角座)149
ナイルの家・ナイルのいえ……(三角座)149
流れ星・ながれぼし……(流星)72
夏の大三角・なつのだいさんかく……137
夏の夜の女王・なつのよのじょおう……(ベガ)130
夏日星・なつひぼし……70
七つ星・ななつぼし……89
七夜の星・ななよのほし……(七つ星)89
ナビガトリア……(ポラリス)117
南極寿星・なんきょくじゅせい……(南極老人星)180
南極老人星・なんきょくろうじんせい……180
南斗六星・なんとろくせい……138
【に】二更・にこう……(五更)51
二十三夜塔・にじゅうさんやとう……(月待ち)25
二十三夜待ち・にじゅうさんやまち……20
二重星・にじゅうせい……(相撲とり星)123
二十八宿・にじゅうはっしゅく……81
二十六夜・にじゅうろくや……21
ニセ十字・ニセじゅうじ……181
日没・にちもつ……(六時)51
日周運動・にっしゅううんどう……56
日食・にっしょく……80
日中・にっちゅう……(六時)51
入定星・にゅうじょうぼし……180
睨み星・にらみぼし……(蟹目)105
【ぬ】糠星・ぬかぼし……75
抜け星・ぬけぼし……(流星)72
【ね】猫の目・ねこのめ……(蟹目)105
ネノフシ……(子の星)117
子の方の星・ねのほうのほし……(子の星)117
子の星・ねのほし……117
ネノホーブシ……(子の星)117
寝待月・ねまちづき……19
【の】後の月・のちのつき……25
後の月見・のちのつきみ……(後の月)25
能登星・のとぼし……(すまるの相手星)167
【は】ハイムルブシ……(南十字座)109
袴星・はかまぼし……(四つ星)94
白鳥座・はくちょうざ……134
白道・はくどう……29
薄暮・はくぼ……(夕間暮れ)41
薄明・はくめい……63
破軍・はぐん……(北斗七星)87
破軍星・はぐんせい……89
羽子板星・はごいたぼし……(六連星)164
稲架の間・はざのま……(三光)171
走り星・はしりぼし……(流星)72
蜂の巣星団・はちのすせいだん……107
二十日亥中・はつかいなか……(更待月)20
二十日月・はつかづき……(更待月)20

星野・せいや……(星野光)56
星野光・せいやこう……56
星野写真・せいやしゃしん……(星野光)56
青竜・せいりょう……(二十八宿)81
赤色超巨星・せきしょくちょうきょせい……(アンタレス)122
石炭袋・せきたんぶくろ……(コールサック)109
石炭袋・せきたんぶくろ……(天の川星)135
セルペンティス・カウダ……(蛇座)125
セルペンティス・カプト……(蛇座)125
扇子星・せんすぼし……(釣鐘星)165
占星術・せんせいじゅつ……(星占い)83
セント・エルモの火・セント・エルモのひ……106
【そ】雑煮星・ぞうにぼし……(門杭)105
そえぼし……(輔星)90
【た】太陰・たいいん……(月)15
太陰月・たいいんげつ……(朔望月)21
大火・たいか……122
大角・だいかく……99
台碓星・だいがらぼし……(四つ星)94
大気光・たいきこう……56
タイゲタ……(プレアデス星団)163
太鼓星・たいこぼし……(竈星)127
対日照・たいじつしょう……56
大臣星・だいじんぼし……(金星)68
鯛釣り星・たいつりぼし……(魚釣り星)121
太白・たいはく……(五星)68
大マゼラン雲・だいマゼランうん……(マゼラン雲)186
ダイヤモンドダスト……(星のささやき)76
竹継ぎ星・たけつぎぼし……(三光)171
竹の節・たけのふし……(三光)171
田毎の月・たごとのつき……29
黄昏・たそがれ……44
黄昏草・たそがれぐさ……(黄昏)44
黄昏月・たそがれづき……44
黄昏鳥・たそがれどり……(黄昏)44
黄昏星・たそがれぼし……(黄昏月)44
立待月・たちまちづき……19
七夕・たなばた……78
棚機・たなばた……(織り姫)130
たなばたつめ……(七夕)78
織女・たなばたつめ……(織り姫)130
七夕の子ども・たなばたのこども……131
魂の道・たましいのみち……(天の川)77
【ち】地球・ちきゅう……(惑星)68
地球照・ちきゅうしょう……22
チヌカラグル……(北の一つ星)119
チヌカルカムイ……(北の一つ星)119
中秋／仲秋・ちゅうしゅう……25
中天・ちゅうてん……51
中夜・ちゅうや……(六時)51
蝶子星・ちょうこぼし……(錨星)156
長者のかま・ちょうじゃのかま……(竈星)127
超新星・ちょうしんせい……(ティコの星)156
鎮星・ちんせい……(五星)68
【つ】月・つき……15
月明かり・つきあかり……31
月影・つきかげ……31
月暈・つきかさ……35
撞き鐘星・つきがねぼし……(釣鐘星)165
晦・つきこもり……21
月白／月代・つきしろ……28
月天心・つきてんしん……26
月波・つきなみ……(月齢)22
月に明かす・つきにあかす……(月に磨く)33
月に磨く・つきにみがく……33
月の顔・つきのかお……35
月の鏡・つきのかがみ……32
月の位・つきのくらい……(星の位)80
月の氷・つきのこおり……32
月の頃・つきのころ……25
月の盃・つきのさかずき……33
月の雫・つきのしずく……(月の霜)32
月の霜・つきのしも……32
月の剣・つきのつるぎ……32
月の名残・つきのなごり……(後の月)25
月の船・つきのふね……33
月の真澄鏡・つきのますかがみ……(月の鏡)32
月の眉・つきのまゆ……(月の剣)32
月の都・つきのみやこ……33
月映え・つきばえ……31
月待ち・つきまち……25
月見・つきみ……25
月宿る・つきやどる……29
月夜・つきよ／つくよ……51
筑波の傘星・つくばのかさぼし……(十文字星)135
鼓星・つづみぼし……169
苞星・つとぼし……(釣鐘星)165
角笛の口・つのぶえのくち……120
釣鐘星・つりがねぼし……165
【て】ディオスクロイ……(ポルックス)103

三更・さんこう……………………………(五更)51
三五の月・さんごのつき………………(十五夜)18
三五夜・さんごや…………………………(十五夜)18
残照・ざんしょう…………………………(夕明かり)43
三星様・さんじょうさま…………………(三光)171
三大師・さんだいし………………………(三光)171
三大星・さんだいしょう…………………(三光)171
三丁の星・さんちょうのほし……………(三光)171
【し】塩売り星・しおうりぼし……………(籠担ぎ星)123
四季の月・しきのつき……………………………26
四更・しこう……………………………………(五更)51
地獄のかま・じごくのかま………………(竈星)127
積尸気・ししき…………………………………107
獅子座・ししざ……………………………………90
獅子座流星群・ししざりゅうせいぐん……………93
獅子の大鎌・ししのおおがま…………………92
四十暮れ・しじゅうぐれ…………………………90
四神・しじん……………………………(二十八宿)81
四三の星・しそうのほし…………………………89
七星剣・しちじょうけん…………………(破軍星)89
七曜・しちよう…………………………………(五星)68
七曜の星・しちようのほし………………………89
東雲・しののめ…………………………(明け初める)63
紫微垣・しびえん……………………………(北極星)116
四星・しぼし……………………………………(四つ星)94
四星・しぼし…………………………………(桝形星)146
島宇宙・しまうちゅう………………………(銀河系)67
下つ弓張・しもつゆみはり…………………(下弦)20
下の弓張・しものゆみはり…………………(下弦)20
尺五星・しゃくごぼし…………………………(三光)171
杓子星・しゃくしぼし…………………………(柄杓星)87
杓の柄・しゃくのえ……………………………(柄杓星)87
十五夜・じゅうごや………………………………18
十三夜・じゅうさんや……………………………17
十三夜様・じゅうさんやさま………………(十三夜)17
獣帯・じゅうたい……………………………………83
十文字様・じゅうもんじさま…………(十文字星)135
十文字星・じゅうもんじぼし…………………135
春宵・しゅんしょう…………………………………47
春宵一刻価千金・しゅんしょういっこくあたいせんきん
……………………………………………………(春宵)47
巡礼の星・じゅんれいのほし…………(ティコの星)156
商・しょう………………………………………(参商)123
小宇宙・しょううちゅう……………………(銀河系)67
嫦娥・じょうが………………………………………(月)15
上弦・じょうげん……………………………………17
小マゼラン雲・しょうマゼランうん……(マゼラン雲)186
小游星・しょうゆうせい…………………………69
小惑星・しょうわくせい…………………………71
織女・しょくじょ…………………………………130
織女三星・しょくじょさんせい……(七夕の子ども)131
織女星・しょくじょせい………………………(七夕)78
食変光星・しょくへんこうせい……(ペルセウス座)152
初更・しょこう……………………………………(五更)51
曙光・しょこう…………………………(明け初める)63
初夜・しょや……………………………………(六時)51
除夜・じょや…………………………………………54
除夜の鐘・じょやのかね……………………(除夜)54
シリウス……………………………………………174
参・しん…………………………………………(参商)123
深紅の星・しんくのほし……(クリムズン・スター)178
新月・しんげつ………………………………………15
深更・しんこう………………………………(夜更け)49
軫宿・しんしゅく……………………………………95
心宿・しんしゅく……………………………(アンタレス)122
真珠星・しんじゅぼし……………………………100
参商・しんしょう…………………………………123
晨朝・じんじょう……………………………(六時)51
辰星・しんせい………………………………(五星)68
心星・しんぼし……………………………………119
深夜・しんや…………………………………(夜更け)49
【す】水星・すいせい…………………………………68
彗星・すいせい………………………………………72
朱雀・すざく…………………………………(二十八宿)81
鈴なり星・すずなりぼし……………………(六連星)164
スターダスト…………………………………(星空)74
ステラ・マリス……………………………(ポラリス)117
ステロペ…………………………(プレアデス星団)163
スパイカズ・スパンカー…………………………95
昴・すばる……………………………………………163
すばるの後星・すばるのあとぼし‥(アルデバラン)162
スピカ………………………………………………100
すまるの相手星・すまるのあいてぼし……………167
相撲とり星・すもうとりぼし……………………123
【せ】星座・せいざ…………………………………67
星宿・せいしゅく……………………………(星座)67
星食・せいしょく……………………………(掩蔽)36
星辰・せいしん…………………………………(星)67
聖夜・せいや…………………………………………54
星夜・せいや…………………………………(星月夜)53

月宮殿・げっきゅうでん……………………(月の都)33
月光・げっこう……………………(月明かり)31
月痕・げっこん……………………(月色)35
月色・げっしょく……………………35
月食・げっしょく……………………36
月夕・げっせき……………………31
月前・げつぜん……………………31
月前の星・げつぜんのほし……………………(月前)31
月相・げっそう……………………(月齢)22
月魄・げっぱく……………………(月輪)35
月明・げつめい……………………(月明かり)31
月輪・げつりん……………………35
月齢・げつれい……………………22
ケフェウス座・ケフェウスざ……………………157
ケラエノ……………………(プレアデス星団)163
軒轅・けんえん……………………92
喧嘩星・けんかぼし……………………(相撲とり星)123
牽牛星・けんぎゅうせい……………………(七夕)78
弦月・げんげつ……………………(弓張月)28
剣先星・けんさきぼし……………………(破軍星)89
ケンタウルス座・ケンタウルスざ……………………111
玄武・げんぶ……………………(二十八宿)81
【こ】小犬座・こいぬざ……………………177
姮娥・こうが……………………(月)15
恒星・こうせい……………………(星)67
黄道・こうどう……………………82
黄道光・こうどうこう……………………45
黄道十二宮・こうどうじゅうにきゅう……………………82
黄道星座・こうどうせいざ……………………82
黄道帯・こうどうたい……………………(黄道十二宮)82
甲夜・こうや……………………(五夜)51
五角星・ごかくぼし……………………(馭者座)167
コカブ……………………119
小熊座・こぐまざ……………………116
五更・ごこう……………………51
小三星・こさんじょう……………………(小三つ星)172
弧矢・こし……………………(三角星)175
小七曜・こしちよう……………………116
五車・ごしゃ……………………(馭者座)167
五星・ごせい……………………68
ごちゃごちゃ星・ごちゃごちゃぼし……………………(六連星)164
コップ座・コップざ……………………(海蛇座)108
琴座・ことざ……………………130
小びしゃく・こびしゃく……………………(小七曜)116
小三つ星・こみつぼし……………………172
小望月・こもちづき……………………(待宵)18
巨門・こもん……………………(北斗七星)87
五夜・ごや……………………51
午夜・ごや……………………(夜更け)49
後夜・ごや……………………(六時)51
五曜・ごよう……………………156
コル・カロリ……………………(春の大三角)101
コールサック……………………109
コールサック……………………(天の川星)135
コル・スコルピオ……………………(アンタレス)122
コル・ヒドレ……………………(アルファルド)108
コル・レオニス……………………(レグルス)93
五郎・十郎・ごろう・じゅうろう……………………(兄弟星)105
【さ】西郷星・さいごうぼし……………………70
歳星・さいせい……………………(五星)68
竿星・さおぼし……………………(三光)171
ザ・ガード・オブ・ザ・ポール……………………(矢来星)120
酒星・さかぼし……………………92
酒桝・さかます……………………(柄杓星)87
酒桝星・さかますぼし……………………172
さきたなばた……………………(織り姫)130
朔・さく……………………15
朔望月・さくぼうげつ……………………21
柘榴石星・ざくろいしぼし……(ガーネット・スター)157
酒酔い星・さけよいぼし……………………(赤星)122
サザンポインターズ……………………111
ザ・シックル……………………(獅子の大鎌)92
蠍座・さそりざ……………………121
佐渡星・さどぼし……………………(すまるの相手星)167
讃岐の箕・さぬきのみ……………………125
鯖売り星・さばうりぼし……………………(籠担ぎ星)123
五月雨星・さみだれぼし……………………99
小夜・さよ……………………(夜さり)49
小夜嵐・さよあらし……………………(小夜時雨)49
小夜曲・さよきょく……………………(小夜時雨)49
小夜時雨・さよしぐれ……………………49
小夜すがら・さよすがら……………………(小夜時雨)49
小夜中・さよなか……………………(小夜時雨)49
小夜更く・さよふく……………………(小夜時雨)49
三角座・さんかくざ……………………149
三角星・さんかくぼし……………………175
算木星・さんぎぼし……………………(三光)171
残月・ざんげつ……………………(有明け)61
三五・さんご……………………(十五夜)18
三光・さんこう……………………171

皆既日食・かいきにっしょく……………………(日食)80
火球・かきゅう……………………………(流星)72
角・かく……………………………………(大角)99
影三星・かげさんじょう……………(小三つ星)172
下弦・かげん……………………………………20
籠担ぎ星・かごかつぎぼし…………………123
河鼓三星・かこさんせい……………………133
暈・かさ……………………………………(月暈)35
カシオペヤ座・カシオペヤざ………………155
カシオペヤ座B・カシオペヤざビー…(ティコの星)156
旗魚座・かじきざ………………(マゼラン雲)186
舵星・かじぼし…………………………………89
カストル………………………………………103
火星・かせい……………………………………70
かせ星・かせぼし…………………………(三光)171
桂・かつら………………………………………(月)15
桂楫・かつらかじ………………………………(月)15
門杭・かどぐい…………………………………105
角違い星・かどちがいぼし……………(錨星)156
門星・かどぼし……………………………(門杭)105
蟹座・かにざ……………………………………106
蟹の目・かにのめ…………………………(蟹目)105
蟹目・かにめ……………………………………105
ガーネット・スター……………………………157
カノープス………………………………………180
彼は誰星・かはたれぼし…………(明けの明星)63
カフ…………………………(ヘナで染めた手)155
カペラ……………………………………………167
竈星・かまどぼし………………………………127
上つ弓張・かみつゆみはり………………(上弦)17
髪座・かみのけざ………………………………102
上の弓張り・かみのゆみはり……………(上弦)17
唐鋤の相手・からすきのあいて(平家星・源氏星)169
唐鋤星／柄鋤星／犂星・からすきぼし………172
烏座・からすざ…………………………………94
皮張り星・かわはりぼし………………………94
寒月・かんげつ…………………………………26
観月・かんげつ……………………………(月見)25
貫索・かんさく…………………………………127
冠座・かんむりざ………………………………126
【き】消えたプレヤード・きえたプレヤード………163
鬼宿・きしゅく…………………………………106
北アメリカ星雲・きたアメリカせいうん……135
北十字・きたじゅうじ……………(十文字星)135
北のいっちょん星・きたのいっちょんぼし
…………………………………(北の一つ星)119
北の子の星・きたのねのほし…………(子の星)117
北の一つ星・きたのひとつぼし………………119
北の明星・きたのみょうじょう……(北の一つ星)119
既望・きぼう……………………………………19
脚布奪い星・きゃふばいぼし………(相撲とり星)123
暁紅・ぎょうこう…………………………(朝焼け)63
玉兎・ぎょくと…………………………………35
巨嘴鳥座・きょしちょうざ……………(マゼラン雲)186
馭者座・ぎょしゃざ……………………………167
巨人の目・きょじんのめ……………………(蟹目)105
距星・きょせい………………………(二十八宿)81
煌星・きらぼし…………………………………75
桐野星・きりのぼし………………………(西郷星)70
金烏・きんう……………………………………(玉兎)35
銀河・ぎんが……………………………(銀河系)67
銀河・ぎんが……………………………(天の川)77
銀河系・ぎんがけい……………………………67
銀河系外星雲・ぎんがけいがいせいうん…(銀河系)67
銀漢・ぎんかん…………………………(天の川)77
金環食・きんかんしょく……………………(日食)80
金星・きんせい…………………………………68
金星銀星・きんぼしぎんぼし……………(二つ星)105
【く】草星・くさぼし……………………………164
鯨座・くじらざ…………………………………147
くど星・くどぼし…………………………(竈星)127
首飾り星・くびかざりぼし………………(竈星)127
狗賓星・ぐひんぼし……………………………99
九曜・くよう……………………………………(五星)68
鞍掛け星・くらかけぼし…………………(四つ星)94
鞍掛け星・くらかけぼし…………………(三角星)175
クリスマス・イブ……………………………(聖夜)54
クリムズン・スター……………………………178
栗名月・くりめいげつ……………………(後の月)25
車星・くるまぼし…………………………(竈星)127
暮れ・くれ……………………………(夕間暮れ)41
暮れ泥む・くれなずむ………………(夕間暮れ)41
【け】熒惑・けいこく……………………………(五星)68
奎宿・けいしゅく………………………………149
計都・けいと……………………………………(五星)68
月下・げっか……………………………………31
月華・げっか…………………………(月明かり)31
月下香・げっかこう…………………………(月下)31
月下美人・げっかびじん……………………(月下)31
月気・げっき……………………………………(月色)35

アルファルド……108
アルフェラッツ……149
粟担い星・あわにないぼし……（籠担ぎ星）123
暗黒星雲・あんこくせいうん……（コールサック）109
アンタレス……122
アンドロメダ銀河・アンドロメダぎんが……150
アンドロメダ座・アンドロメダざ……148
アンドロメダ大星雲・アンドロメダだいせいうん
……（アンドロメダ銀河）150
【い】烏賊星・いかぼし……（金星）68
錨星・いかりぼし……156
十六夜・いざよい……19
十六夜の月・いざよいのつき……（十六夜）19
一番星・いちばんぼし……74
一角獣座・いっかくじゅうざ……（冬の大三角）177
一升星・いっしょうぼし……164
五つ星・いつつぼし……（馭者座）167
乙夜・いつや……（五夜）51
射手座・いてざ……138
糸かけ星・いとかけぼし……91
井戸端星・いどばたぼし……（竈星）127
亥中の月・いなかのつき……（更待月）20
犬かいさん・いぬかいさん……（犬飼星）133
犬飼星・いぬかいぼし……133
犬の目・いぬのめ……（蟹目）105
犬ひきどん・いぬひきどん……（犬飼星）133
犬引星・いぬひきぼし……（犬飼星）133
亥の子・いのこ……（十日夜）17
居待月・いまちづき……19
芋名月・いもめいげつ……（後の月）25
イユチャーブシ……（魚釣り星）121
入相・いりあい……（夕間暮れ）41
入りあい凪・いりあいなぎ……（星の入り東風）165
入り日・いりひ……（夕日）41
海豚座・いるかざ……143
色白・いろしろ……177
隠居星・いんきょぼし……（小三つ星）172
いんこどん……（犬飼星）133
隕石・いんせき……（流星）72
隕鉄・いんてつ……（流星）72
【う】魚座・うおざ……145
魚釣り星・うおつりぼし……121
雨月・うげつ……27
兎座・うさぎざ……178
牛飼座・うしかいざ……98
牛かい星・うしかいぼし……（犬飼星）133
薄月・うすづき……27
薄月夜・うすづきよ……27
舂づく・うすづく……（夕山）43
宇宙塵・うちゅうじん……（流星）72
宇宙ののぞき窓・うちゅうののぞきまど……（髪座）102
ウナルベクサ・ノチウ……（河鼓三星）133
ウフナーブシ……（舵星）89
馬の面星・うまのつらぼし……（釣鐘星）165
海蛇座・うみへびざ……108
瓜切りまないた・うりきりまないた……（瓜畑）131
瓜畑・うりばたけ……131
【え】衛星・えいせい……（星）67
hとχ・エイチとカイ……153
絵の具星・えのぐぼし……（青星）175
エレクトラ……（プレアデス星団）163
縁切り星・えんきりぼし……（流星）72
掩蔽・えんぺい……36
【お】朸星・おうこぼし……（籠担ぎ星）123
牡牛座・おうしざ……162
横着星・おうちゃくぼし……180
大犬座・おおいぬざ……174
大熊座・おおぐまざ……86
大びしゃく・おおびしゃく……（小七曜）116
大星・おおぼし……（青星）175
お草星・おくさぼし……（草星）164
落ち星・おちぼし……（流星）72
兄弟星・おとどえぼし……105
乙女座・おとめざ……100
鬼のおかま・おにのおかま……（竈星）127
牡羊座・おひつじざ……152
朧月・おぼろづき……（朧月夜）52
朧月夜・おぼろづきよ／おぼろづくよ……52
朧夜・おぼろよ……（朧月夜）52
親担い星・おやにないぼし……（籠担ぎ星）123
オリオン座・オリオンざ……168
オリオンズ・スウォード……（小三つ星）172
オリオン大星雲・オリオンだいせいうん……172
織り子星・おりこぼし……（織り姫）130
織り姫・おりひめ……130
オーロラ……56
おんたなばた……（犬飼星）133
【か】火・か……（大火）122
海王星・かいおうせい……（惑星）68
皆既月食・かいきげっしょく……（月食）36

索引

※ここでは、個々に解説を設けて紹介した項目名の他に、解説文中に太字で記した言葉を取り上げています。
※解説文中に出てくる言葉に関しては、(　)内にその言葉が登場する項目名を記しています。
※本索引に掲示していない星座名、二十八宿の名前については、それぞれ、182〜185頁に88星座一覧、81頁に二十八宿一覧を掲載しましたので、そちらをご参照ください。

【あ】青星・あおぼし……175
暁・あかつき……60
明時・あかとき……(暁)60
暁降・あかときくだち……60
暁月夜・あかときづくよ／あかつきづきよ……(暁降)60
暁闇・あかときやみ……(暁降)60
赤星・あかぼし……122
啓明／明星／赤星・あかぼし……(明けの明星)63
秋の四辺形・あきのしへんけい……(桝形星)146
秋星・あきぼし……(南の一つ星)144
商人星・あきんどぼし……(籠担ぎ星)123
明け初める・あけそめる……63
明けの明星・あけのみょうじょう……63
曙・あけぼの……(明け初める)63
朝明け・あさあけ……(明け初める)63
朝月夜・あさづくよ……(有明け)61
朝朗け・あさぼらけ……(朝未き)61
朝未き・あさまだき……61
朝焼け・あさやけ……63
可惜夜・あたらよ……(良夜)52
あとたなばた……(犬飼星)133
後七夕・あとたなばた……(古七夕)135
アヌビス神・アヌビスしん……175
扇星・あふぎぼし……(彗星)72
天の川・あまのがわ……77
天の川星・あまのがわぼし……135
天満月・あまみつつき……28
天満星・あまみつほし……(天満月)28
雨夜の月・あまよのつき……(雨月)27
雨夜の星・あまよのほし……(雨月)27
雨夜の星・あまよのほし……(五月雨星)99
雨降りヒヤデス・あめふりヒヤデス……165
有明け・ありあけ……61
有明け方・ありあけがた……(有明け)61
有明け月・ありあけづき……(有明け)61
有明け月夜・ありあけづくよ……(有明け)61
有明けの月・ありあけのつき……(有明け)61
アリオト……(北斗七星)87
アルキオネ……(プレアデス星団)163
アルキバ……95
アルクトゥールス……99
アルゴ座・アルゴざ……179
アルコル……90
アルゴル……(ペルセウス座)152
アル・サダク……(アルコル)90
アルタイル……132
アルデバラン……162
アルニタク……170
アルニラム……170
アルビレオ……137

あとがき……林　完次

暮れ泥むころ、辺りが一瞬、青みがかった紫色に染まるときがあります。私の好きな時間帯です。樹木も、建物も、行き交う人の顔も、皆その色になるのです。

魅惑の色は気まぐれで、毎夕見られるわけではありません。それを追い求めるうちに、気がつくと、深い群青の空にまたたく星に、カメラを向けるようになっていました。

神秘的な宇宙に魅せられたころは、何万光年という彼方の渦巻き銀河の姿をとらえたくて、好んで星座にひそむ星雲や星団を写してきました。最近はどちらかというと、夜の風景写真とでもいいましょうか、星空と地上を一緒に写し込んだ写真に夢中になっています。いずれにしても晴れていれば、白々と夜が明けるまで星を追跡します。星の動きで地球の自転を感じるときですが、たった一人で森の中で星空を仰いでいると、地球が自転しているのではなく、回っているのは星空だという気分にもなります。まるで昔の人が感じたように。

北の空には、Wの形をしたカシオペヤ座が北極星の周りを回っています。その昔、ギリシア南部のラコニアではカシオペヤのWを鍵の形に見ていました。一方、アラビアではマニキュアを塗った女性の手に見立て、「ヘナで染めた手」と呼んだといいます。日本ではこのWを「錨星」とか「五曜」と呼びました。

星座や星の並びは、見る人によってさまざまな形に見えます。とくに農村や漁村などに語り継がれてきた星の和名は実生活と密着し、種まきや漁の時期などを言い表しているものも少なくありません。また月や夜にまつわる言葉にも、響きの美しいものがたくさんあります。

星や星座は季節の目印です。蠍座のアンタレスが西に傾いて秋がきたことを、中国では古くから「大火流《くだ》る」と表現してきました。同じ星座でも、東の地平線に姿を現したときと、西に傾いたときでは季節は異なり、印象もまるで違います。湖に映る星影や山の端にかかる星座を見れば、誰でも詩人のような気持ちになることができます。

本書は星や月、夜にまつわる言葉をたくさん集め、写真とともに綴ってみました。仕事や勉学に追われ、夜空を見上げる機会がもてないでいる皆さんへ、本のプラネタリウムになれば、ということを考慮しました。子どもの頃、田舎で見上げた降るような星空と、忘れかけている宙《そら》の言葉を思い出していただければ幸いです。

この度、『宙の名前』を新訂版としてデジタル化するにあたり、文章を加筆訂正し、写真もいくつか新しいものに変更いたしました。これをきっかけにして夜空を楽しんでくださるよう願っています。

平成二十二年五月

本文の写真掲載にあたっては、ぎょうせい（林完次写真集『星の詩』）の協力を得ました。

宙《そら》 SORA の NO 名《な》 NA 前《まえ》 MAE

新訂版《しんていばん》

林　完次　はやしかんじ

1945年、東京都生まれ。
明治大学法学部卒。天体写真家、
および天文作家。日本天文学会、
日本自然科学写真協会に所属

著書
『月の本』角川書店、
『星をさがす本』角川書店、
『東京星空散歩』中央公論新社、
『星のこよみ』ヴィレッジブックス、
『宙の旅』小学館　ほか、多数

初版発行　2010年6月30日
5版発行　2022年4月5日

写真・文　林《はやし》　完次《かんじ》

企画編集　三枝克之

造本装幀　吉川陽久

発行者　青柳昌行

発　行　株式会社KADOKAWA
東京都千代田区富士見2-13-3　〒102-8177
電話 0570-002-301（ナビダイヤル）

印刷・製本　凸版印刷株式会社

●お問い合わせ
https://www.kadokawa.co.jp/（「お問い合わせ」へお進みください）
※内容によっては、お答えできない場合があります。
※サポートは日本国内のみとさせていただきます。
※Japanese text only

定価はカバーに表示してあります。

ISBN 978-4-04-854483-2　C0072

※本書は、1995年光琳社出版より刊行されたもので、1999年より角川書店
にて刊行（最終版19版2008年）、デジタル化にあたり一部写真を差し替え、
新訂版としました。

宵闇《よいやみ》
黄道光《こうどうこう》
宵の明星《よいのみょうじょう》
宵月《よいづき》
春宵《しゅんしょう》
夜の帳《よるのとばり》
夜《よ》
夜さり《よさり》
小夜時雨《さよしぐれ》
夜気《やき》
夜更け《よふけ》
終夜《よもすがら》
夜寒《よさむ》
五更《ごこう》
鯨座《くじらざ》
ミラ
アンドロメダ座《アンドロメダざ》
斗掻き星《とかきぼし》
アルフェラッツ
奎宿《けいしゅく》
三角座《さんかくざ》
アンドロメダ大星雲《アンドロメダだいせいうん》
牡羊座《おひつじざ》
ペルセウス座《ペルセウスざ》

日暮れ
夕暮方
夜明け
夕
夕方
夕刻
夕さり
夕まし
薄暮
暮れ

三丁の星
三星様
三大星
三大師
尺五星
算木星

寝待月《ねまちづき》
更待月《ふけまちづき》
下弦《かげん》
二十三夜待《にじゅうさんやまち》
二十六夜《にじゅうろくや》
朔望月《さくぼうげつ》

子の方の星
北の子の星
ネノフシ
ネーノホーブシ
天の北極

ダイヤモンドダスト
天使のささやき

カシオペヤ座《カシオペヤざ》
ラコニアの鍵《ラコニアのかぎ》
ヘンナで染めた手《ヘンナでそめたて》
錨星《いかりぼし》
五曜《ごよう》
ティコの星《ティコのほし》
ケフェウス座《ケフェウスざ》
備前の箕《びぜんのみ》

星合い
星の契り
星の別れ
皆既日食
金環食
部分日食

甲夜
乙夜
丙夜
丁夜
戊夜

月輪《げつりん》
月齢《げつれい》
月色《げっしょく》
月暈《つきかさ》

南の一つ星《みなみのひとつぼし》
北落師門《ほくらくしもん》
魚座《うおざ》
ペガスス座《ペガススざ》
桝形星《ますがたぼし》

犬の目
目玉星
両眼星
巨人の目

くど星
つづい星
長者のかま
地獄のかま
車星
太鼓星
井戸端星
指輪星
首飾り星

射手座《いてざ》
南斗六星《なんとろくせい》
南の舵星《みなみのかじぼし》
箕星《みぼし》
讃岐の箕《さぬきのみ》
蛇座《へびざ》
ヘルクレス座《ヘルクレスざ》
冠座《かんむりざ》
籠星《かごぼし》
貫索《かんさく》
竜座《りゅうざ》

深夜
真夜中
更く
深更
午夜
よすがら

ヒヤデス星団《ヒヤデスせいだん》
釣鐘星《つりがねぼし》
雨降りヒヤデス《あめふりヒヤデス》
馭者座《ぎょしゃざ》
カペラ

四季の月《しきのつき》
弓張月《ゆみはりづき》
田毎の月《たごとのつき》

明月《めいげつ》

二更
三更
四更
五更

軸星《じくぼし》
四十グレ《しじゅうグレ》
獅子座《ししざ》
糸かけ星《いとかけぼし》
獅子の大鎌《ししのおおがま》
樋掛け星《といかけぼし》
軒轅《けんえん》
酒星《さかぼし》
レグルス
デネボラ
獅子座流星群《ししざりゅうせいぐん》
烏座《からすざ》
四つ星《よつぼし》
皮張り星《かわはりぼし》
スパイカズ・スパンカー

ドッグ・スター
絵の具星
大星
鞍掛け星
野鶏
南の色白
一角獣座
深紅の星